KB201719

우주를 보면
떠오르는
이상한 질문들

우주를 보면 떠오르는 이상한 질문들

게으른 지구인에게 들려주는 천문학 이야기

지웅배 (우주먼지)
지음

포르*세

"좋은 질문입니다."

평소에 자주 내뱉는 말입니다. 사실 처음에는 제가 이 말을 자주 쓴다는 것을 몰랐습니다. 하지만 몇 년 전, 우연한 기회로 '보다BODA' 유튜브 채널에 출연하기 시작하면서 그 사실을 새삼 깨닫게 되었습니다.

그곳에 가면 탁자에 앉아 다양한 분야의 과학자분들과 이야기를 나누게 됩니다. 각자의 분야에서 깊이 있게 공부하고 연구하는 사람들이지만 다른 이의 분야는 아무것도 모릅니다. 자신의 분야에서는 전문가지만 남의 분야에서는 성실한 학생이 되는 것이죠. 제가 그 유튜브 채널을 가장 좋아하는 이유가 바로 이것입니다. 모르는 것에 대해 억지로 아는 척을 할 필요가 없기 때문이에요. 나의 무지를 밝히고, 지식의 한계를 드러내는 것이 전혀 부끄럽지 않은 자리입니다. 오히려 시청자분들은 우리가 각자의 분야에서 아는 것을 줄줄이 이야기할 때보다 서로가 모르는 것에 대해 궁금해하고 배워 나가는 모습을 더 좋게 봐주는 듯합니다.

저는 함께하는 출연진분들이 질문을 던지면 가장 먼저 "좋은 질문입니다"라는 말로 답변을 시작합니다. 그 질문이 날카롭고 훌륭한 질문이라고 생각하기 때문인데요, 가끔 짓궂은 진행자분들은 제가 마음에도 없는 칭찬을 한다며 놀리고는 하지만 종종 억울할 때가 있습니다. 핵심을 찌르는 질문이라고 생각해서 자연스레 내뱉은 것이기 때문입니다.

매년 여름과 겨울, 전 세계 천문학자들이 한자리에 모여 그동안의 연구 결과를 발표하고 새로운 협력자를 찾는 학회가 열립니다. 수많은 연구자가 짧게는 5분 남짓, 길어야 10분 정도 되는 시간 안에 자신이 연구한 내용을 소개합니다. 그리고 발표가 끝나기 무섭게 객석에서 질문이 쏟아집니다. 발표 시간보다 질문과 답변 시간이 더 길어지는 경우는 대개 흔합니다. 그런데 이런 자리에서도 흥미로운 공통점이 포착됩니다. 거의 모든 천문학자가 질문에 답을 시작할 때 반드시 이렇게 말합니다. "좋은 질문입니다." 또는 "날카로운 지적 감사합니다." 그저 격식을 차리기 위해 하는 말처럼 들릴 수 있지만, 그 이상의 의미가 있습니다. 상대의 질문 속에는 자신이 미처 생각하지 못했던 시각이나 새로운 가능성이 담겨 있을 때가 많습니다. 그래서 그 한마디는 단순한 예의가 아니라, 진심 어린 존중이자 반가움의 표현입니다. 이러한 경우에 따라 저도 마찬가지입니다. 질문은 언제나 새로운 생각의 출발점이 되니까요.

천문학을 비롯해 모든 과학 분야의 위대한 발견은 훌륭한 질문에서 시작되었습니다. 특히 다른 사람들은 굳이 궁금해하지 않는 사소한 것에 대한 질문이 결국 위대한 발견으로 이어진 경우가 많습니다. 어린 시절 뉴턴은 작고 가벼운 사과는 땅에 떨어지는데 더 무겁고 거대한 달은 어떻게 공중에 떠 있는지를 두고 깊이 고민했습니다. 아마 당시의 사람들에게 이러한 사실은 굳이 궁금해할 필요도 없는 너무나 당연하고 자연스러운 풍경이었을 것입니다. 오히려 한량과 같은 고민을 하는 뉴턴을 보고 한심하다고 생각했을지 모릅니다. 하지만 뉴턴의 질문은 결국 중력의 본질을 이해하는 지름길을 열었습니다. 그리고 사과를 떨어뜨리는 지구의 중력과 달을 붙잡는 지구의 중력이 본질적으로 다르지 않다는 사실을 밝혀내며, 땅과 하늘 모두 동일한 물리 법칙의 지배를 받는다는 아름다운 사실을 보여 주었습니다.

이처럼 과학은 당연해 보이는 것이 왜 당연할 수밖에 없는지 논리적으로 납득할 수밖에 없는 이유를 설명합니다. 과학은 모든 것에서 이유를 찾습니다. 과학의 사전에 당연함이라는 단어는 존재하지 않습니다. 구름이 하늘에 떠 있는 것도, 물이 위에서 아래로 흐르는 것도, 그 어느 하나 당연한 것은 없습니다. 모두 그런 일이 벌어질 수밖에 없도록 하는 원리와 법칙이 반드시 숨어 있습니다.

유튜브라는 소통 창구에서 다양한 활동을 시작하면서 사람들은 제게 질문을 남기기 시작했습니다. 출연한 영상에 종종 시청자분들이 평소 궁금해하던 것들을 댓글로 남기는 것이죠. 질문의 종류는 참 다양합니다. 각자 다른 관심사와 호기심을 가졌지만, 그 안에서도 공통적으로 많이 반복되는 질문들이 있다는 게 흥미로웠습니다. 물론 모든 댓글에 일일이 답글을 달아 줄 수는 없었습니다. 그래서 고민 끝에 지금까지 받은 질문들 중에서 가장 많이 반복되었던 것들을 추려 보기로 했습니다. 그리고 그 질문들에 대한 답을 한데 모아 한 권의 책으로 정리하게 되었습니다. 이 책이 누군가의 머릿속에 남아 있던 궁금증을 조금이나마 풀어 줄 수 있기를 소망합니다. 그리고 앞으로도 좋은 질문을 많이 던져 주기를 마음 담아 바랍니다.

목차

1장

우주

어디서부터 우주일까?

우주를 멀리서 찾을 필요는 없습니다. 크게 공감되지 않겠지만 이미 우리는 우주에 있습니다. 지구도 우주의 일부입니다. 눈 앞에 펼쳐진 지구의 풍경도 우주죠. 우리는 매일 우주를 여행 합니다. 물론 우주가 단순히 지구라는 이야기를 하려는 게 아 닙니다. 더 진정한 의미에서 말하는 우주란, 지구 대기권을 벗 어난 까만 우주를 이야기하는 것일 테니까요. 그렇다면 어디서 부터 우주라고 할 수 있을까요? 지구의 하늘은 깔끔한 경계가 없습니다. 고도가 올라가면 지구 대기의 밀도는 서서히 옅어 집니다. 따라서 지구의 하늘과 우주를 구분하기 위해서는 매우 인간적이고 인위적인 기준을 그을 수밖에 없습니다.

지구의 하늘과 우주의 경계를 정하는 문제는 역사적으로 매우 중요한 쟁점이었습니다. 특히 20세기 중반부터 항공 기술이 빠르게 발전하면서 여러 모험가가 조금씩 더 높은 하늘에 도전하기 시작했습니다. 남들보다 1m라도 더 위로 올라가 새로운 기록을 세우는 것이 가장 중요한 과제였습니다. 그러면서 너도나도 할 것 없이 자신이 먼저 최초로 우주에 도달한 사람이라고 주장하기 시작했고, 어디서부터 우주가 시작되는지를 정확히 정의하는 것이 필요했습니다. 물론 하늘과 우주의 경계를 정하는 문제는 단순히 최초의 우주인이라는 타이틀을 얻기 위해서만 중요한 것이 아닙니다. 공학적인 측면에서도 중요한 문제죠. 지구의 하늘을 나는 물체를 '비행기'라고 부르지만, 우주를 나는 물체는 '우주선'이라고 부릅니다. 그렇다면 어디까지가 비행기의 영역이고, 어디서부터 우주선의 영역이 되어야 할까요?

헝가리 출신의 항공 엔지니어 테오도르 폰 카르만[Theodore von Kármán]은 매우 흥미로운 기준을 제시했습니다. 그 기준은 바로 비행 물체가 추락하지 않기 위해 필요한 속도였습니다. 하늘을 나는 비행기는 공기의 양력을 활용합니다. 비행기가 추락하지 않고 계속 하늘에 떠 있기 위해서는 공기의 양력을 만들어 낼 수 있을 정도의 속도면 충분합니다. 그런데 점점 더 고도가 올라가면 지구 대기의 밀도는 희박해지고, 공기 자체가 옅어지면서 양력을 만들기 어려워집니다. 공기가 거의 없는 우주 공간에서 우주선은 공기의 양력에만 기댈 수 없죠. 대신 우주선이 추락하지 않기 위해 지구의 중력에 대항할 수 있을 정도로 충분히 빠른 궤도 속도를 내야 합니다. 예를 들어 고도 38km까지 도달했던 초음속 비행기 X-2는 시속 3,200km로 비행했는데, 당시 X-2 무게의 대부분인 98%는 공기 양력으로 지탱했습니다. 궤도 속도가 비행기의 무게를 버티는 데 기여한 정도는 2%에 불과합니다. 따라서 이 정도라면 공기 양력에 기대서 날아가는 비행기라고 부를 수 있습니다. 반면 고도 90km 이상으로 날아가게 되면 공기 양력만으로 날 수 없습니다. 비행기의 무게를 지탱하기 위해서는 주로 궤도 속도에 기대야 합니다. 이제는 우주선의 영역이 되는 것입니다.

이처럼 궤도를 유지하기 위해 필요한 속도가 공기 양력을 유지하기 위해 필요한 속도를 뛰어넘게 되는지를 기준으로 하늘과 우주의 경계를 가르고자 했습니다. 카르만의 방식을 이어받아, 현재 공식적으로 하늘과 우주의 경계는 고도 100km를 기준으로 합니다. 여러 논쟁이 있었지만, 국제항공연맹은 숫자가 가장 깔끔하다는 이유로 100km를 선택했습니다. 이 기준을 '카르만 선 Kármán line'이라고 부릅니다.

재미있는 점은 정작 우주 개발의 선두에 있는 미국은 또 다른 기준을 채택한다는 점입니다. 미국은 카르만 선보다 조금 더 너그러운 기준으로 하늘과 우주를 가릅니다. 미국은 자국의 공군 파일럿들이 고도 80km(약 50 마일)를 넘어가면 우주를 여행한 것으로 간주하고, 기념 배지를 줍니다. 고도 100km에 근접할 정도로 높은 고도에 도달했지만 자체적인 궤도 속도만으로 지구 주변을 맴돌기에 충분하지 않은 경우, 이것을 '준궤도 비행'이라고 정의합니다. 즉, 높이는 충분히 높았지만 독자적인 인공위성이 될 정도로 빠른 속도를 내지 못한 경우에 준궤도 비행을 했다고 표현합니다.

　　하늘과 우주의 경계를 더 명확하게 구분하기 위한 논의는 지금도 계속 이루어지는 중입니다. 일부 물리학자들은 조금 더 공학적인 경계를 제안하는데, 그중 하나는 인공위성들이 궤도를 돌면서 지표면에 가장 가까이 접근할 수 있는 거리 한계를 기준으로 하는 방식입니다. 인공위성은 지구 곁을 살짝 찌그러진 타원 궤도를 그리면서 맴도는데, 이때 지구에 가장 가까이 접근하는 구간이 발생합니다. 그러나 인공위성의 궤도가 지구에 지나치게 가까이 닿게 되면, 지구 대기를 통과하는 동안 마찰을 받게 되고 인공위성의 속도가 빠르게 느려지면서 추락할 수 있습니다. 그래서 인공위성의 궤도가 지표면에 다가갈 수 있는 한계가 생깁니다. 일부 물리학자들은 이것을 기준으로 하늘과 우주를 구분한다면 훨씬 실용적일 수 있다고 주장합니다.

지금까지 이야기한 하늘과 우주를 가르는 경계의 기준을 보면, 한 가지 떠올릴 수 있는 재미있는 사실이 있습니다. 결국 하늘과 우주는 대기의 밀도에 따라 달라집니다. 대기의 밀도는 행성마다 다르고요. 또 행성마다 질량과 중력이 다르기 때문에 행성 주변에서 궤도를 유지하기 위해 필요한 궤도 속도도 달라집니다. 흥미롭게도 어떤 행성에서 계산하는지에 따라 그곳의 하늘과 우주를 가르는 카르만 선은 조금씩 다른 고도에서 정의됩니다. 예를 들어 화성의 카르만 선은 고도 80km입니다. 화성은 지구에 비해 대기가 훨씬 희박하지만, 동시에 화성의 중력이 워낙 약하다 보니 생각보다 조금 높은 고도까지 하늘이 뻗어 있습니다. 중력은 지구와 비슷하지만 대기 밀도가 압도적으로 높은 금성은 훨씬 더 높은 고도까지 올라가야 하늘을 벗어날 수 있습니다. 금성의 경우 카르만 선은 대략 고도 150km에서 정의됩니다. 이처럼 발밑에 어떤 행성을 뒀는지에 따라 머리 위에서 하늘이 끝나고 우주가 시작되는 시점도 달라집니다.

지금 당장 머리 위에 뻥 뚫린 하늘을 보며 어디까지가 지구의 하늘이고, 어디부터가 우주의 시작인지 다투는 것이 쓸모

없어 보일지 모릅니다. 하지만 앞으로 우주가 우리의 새로운 일상의 공간이 된다면, 이것은 상당히 현실적인 문제가 될 수 있습니다. 지금도 각 국가마다 바다 소유권을 두고, 치열한 외교 싸움을 벌이죠. 그런데 머지않아 누구나 우주에 인공위성을 올리고 우주로 출퇴근하는 시대가 온다면, 앞서 말한 싸움이 머리 위에서 생생하게 벌어질 수 있습니다. 어느 정도 높이까지 각 나라의 하늘로 인정해야 할지, 또 어느 정도 높이 이상부터는 제약 없이 인공위성을 올릴 수 있도록 해야 할지에 대한 논의는 반드시 필요합니다. 오래전 세계 지도를 펼쳐 놓고 자를 대고 줄을 그으면서 서로의 영토를 넓히고자 눈치 싸움을 했던 인류가, 곧 하늘을 향해 눈길을 돌리며 1m라도 더 높은 하늘을 얻기 위한 싸움을 시작하게 될지 모릅니다.

우주는 왜 깜깜할까?

밤은 어둡습니다. 하늘을 밝게 비추던 태양이 땅 아래로 숨는 시간이기 때문이죠. 밤이 어두운 것은 굳이 궁금해할 필요가 없을 정도로 당연한 현상입니다. 하지만 조금만 생각해 보면 밤하늘이 어둡다는 건 굉장히 이상한 일입니다. 우주는 무한히 펼쳐져 있고, 그 안에 셀 수 없이 많은 별이 빛나죠. 결국 무한한 별의 빛을 모으면 눈부신 빛이 우리 머리 위를 채운다는 결론에 이릅니다. 그런데도 분명 우주는 깜깜합니다. 우주의 어둠은 천문학자들을 오랫동안 괴롭힌 문제이기도 합니다. 이 시답잖은 문제의 완벽한 해답을 찾기까지 거의 400년 가까운 시간이 걸렸습니다. 오늘날 우주의 탄생을 이야기하는 빅뱅 이론이 바로 이 질문에서 시작되었습니다.

물리학자 아이작 뉴턴 Isaac Newton 은 사과를 떨어뜨리는 지구의 중력을 발견했습니다. 그리고 그 힘이 달을 붙잡는 지구의 중력과 다르지 않다는 사실을 깨달았습니다. 질량을 가졌다면 모든 물체는 서로 끌어당깁니다. 그것이 달이든 사과든 중요하지 않습니다. 뉴턴의 발견이 중요한 이유는 단순히 사과가 왜 땅으로 떨어지는가를 설명했기 때문이 아닙니다. 그 이유는 지구에서 작용하는 중력과 우주에서 작용하는 중력이 본질적으로 똑같은 힘이라는 것을 보여 주기 때문입니다.

자연스럽게 뉴턴은 밤하늘의 별들이 서로 중력을 주고받는 모습을 상상했습니다. 그리고 큰 고민에 빠졌습니다. 아무리 거리가 멀어도 모든 별은 중력을 주고받습니다. 그리고 서서히 서로를 향해 끌려가야 합니다. 조금씩 거리가 가까워지면서 별들은 더 빠르게 서로를 끌어당기게 되고, 결국 모든 별이 한데 모여 우주는 붕괴해 버려야 합니다. 그런데 우주는 아무 일 없다는 듯 평화롭기만 하죠. 그 어떤 별도 우리를 향해 곤두박질치지 않았습니다. 분명 우주 전역에 중력이 작용 중일 텐데, 우주는 어떻게 자신의 붕괴를 가까스로 막아내고 있는 걸까요? 뉴턴은 이 모순을 해결하기 위해 야심 찬 가정을 던졌습니다. 바로 우주가 무한하다는 것입니다. 우주가 무한하다면, 뉴턴의 고민은 간단하게 해결됩니다.

모든 별에게 위아래, 좌우 사방으로 무한히 뻥 뚫린 우주 공간이 펼쳐집니다. 그 공간의 모든 방향에 무한히 존재하는 많은 별이 놓이고, 모든 방향에서 별들이 끌어당기는 중력을 느낍니다. 방향에 상관없이 모든 별이 잡아당기고 있기 때문에, 결국 그 효과는 상쇄됩니다. 별은 특정한 한쪽 방향으로 끌려갈 이유가 없어지는 것이죠. 이처럼 뉴턴은 중력이 존재하지만 붕괴하지 않는 안정된 우주의 모습을 보면서, 우주가 실제로 무한하고 또 그 안에 무한하게 많은 별이 있다고 생각했습니다. 여기까지 보면 모든 설명은 매우 자연스러워 보입니다. 우주는 몹시 크니까요. 무한한 공간에 무한히 많은 별이 있을 것이라는 뉴턴의 생각이 자연스럽게 느껴집니다. 하지만 뉴턴의 설명에 고개를 끄덕이다 보면, 예상치 못한 두 번째 모순에 맞닥뜨리게 됩니다.

이 두 번째 모순을 쉽게 이해하기 위해 한번 간단한 상상을 해 보겠습니다. 당신은 끝없이 펼쳐진 거대한 숲 한가운데 서서 주변을 둘러봅니다. 나무들이 고르고 빽빽하게 서 있다면 우리는 어떤 방향을 봐도 나무 틈을 비집고 숲 바깥세상을 볼 수 없습니다. 가까운 나무는 두껍게 보입니다. 다만 시야에 들어오는 가까운 나무의 수는 적을 것입니다. 반대로 먼 나무는 가늘게 보이지만, 더 멀리까지 보이기 때문에 시야에 들어오는 나무의 수는 많습니다. 이 두 가지의 효과가 서로를 상쇄하면서 결국 가깝든 멀든 모든 나무는 시야를 가로막게 됩니다. 같은 논리를 우주에도 적용할 수 있습니다. 개개의 별은 거리가 멀어지면 더 어둡게 보입니다. 하지만 그만큼 더 먼 거리를 보기 때문에 시야에 들어오는 별의 개수는 많아집니다. 반대로 가까운 별은 밝지만, 시야에 들어오는 별의 수는 적습니다. 마찬가지로 우주가 정말 무한하고 그 안에 무수히 많은 별이 빽빽하게 채워졌다면, 우리는 별과 별 사이 틈을 비집고 우주의 검은 배경을 볼 수 없어야 합니다. 그런데 분명 우주는 너무나 깜깜합니다. 우주의 어둠에 관한 의문은 오래전부터 있었지만, 19세기 독일의 천문학자 하인리히 올베르스Heinrich Olbers가 체계적으로 정리하면서 더 널리 알려지게 되었습니다. 이것을 '올베르스의 역설Olbers' paradox'이라고 부릅니다.

올베르스의 역설은 왜 발생할까요? 이것은 오래전 인류가 우주의 역사를 잘못 생각했기 때문입니다. 오랫동안 인류는 우주가 하염없이 먼 과거부터 지금의 모습으로 쭉 존재했다고 생각했습니다. 즉, 우주는 특별한 시작 없이 무한히 먼 과거부터 쭉 존재한 세계였습니다. 만약 당시로 돌아가서 우주의 나이가 몇 살이냐고 묻는다면 아마 비웃음을 받았을 것입니다. 우주는 원래 존재했던 세계이므로 우주의 나이를 세는 건 의미가 없었을 테니까요. 우주가 원래부터 있었다고 생각했기 때문에 올베르스의 역설이 발생합니다. 우리가 보는 모든 별빛은 과거의 빛입니다. 빛은 우주에서 가장 빠르지만 유한한 속도를 갖습니다. 우주가 워낙 거대하기 때문에 결국 빛조차 우주에게는 하염없이 느린 존재가 됩니다.

　별을 본다고 할 때, 사실 여기에는 중요한 단어가 숨어 있습니다. 우리가 보는 건 별의 모습이 아닙니다. 그 별에서 출발한 '별빛'을 보는 것입니다. 오래전 별을 떠나 빛의 속도로 날아온 빛이 우리 눈동자에 닿고, 망원경 렌즈에 닿은 뒤에야 그 모습을 보게 됩니다. 만약 1광년 거리에 떨어진 별에서 출발한 빛을 본다면, 우리는 매 순간 1년 뒤늦게 도착한 잔상을 보게 됩니다. 절대로 지금 이 순간, 동시의 모습은 볼 수 없습니다. 별까지 거리가 더 멀어지면 이 효과는 더 극적으로 변합니다. 100광년 거리의 별을 본다면, 우리는 매 순간 100년 전의 모습을 보는 것입니다. 1억 광년 거리에 떨어진 별을 본다면, 우리는 매 순간 1억 년 전의 모습을 봅니다. 반대로 1억 광년 거리에 떨어진 별에 사는 외계인이 몹시 좋은 망원경으로 지금 우리를 몰래 지켜보고 있다면, 아마 그들의 망원경 속에 비친 지구 위에서는 한창 공룡이 뛰놀고 있을지도 모릅니다.

만약 옛날 사람들이 기대했던 대로 우주가 무한한 과거부터 존재했다면, 우리는 거리에 상관없이 모든 거리에 놓인 별빛을 모두 볼 수 있게 됩니다. 100억 광년, 200억 광년, 무한 광년 거리에 놓인 별빛 모두 충분한 시간의 여유를 갖고 기다리면 언젠가 지구에 닿아야 하니까요. 하지만 그렇지 않습니다. 오늘날 천문학자들은 오래전 빅뱅이 이루어진 순간 우주가 시작되었다고 이야기합니다. 빅뱅 우주론이 우리에게 알려 주는 가장 중요한 교훈이 있다면, 그것은 우주도 유한한 과거를 살아 왔다는 것입니다. 우주는 하염없이 먼 옛날부터 존재한 세계가 아니었습니다. 물론 우리에게는 매우 먼 과거지만, 우주도 명확한 시점이 있었습니다. 빅뱅 우주론은 우주의 역사가 138억 년 전부터 시작되었다고 이야기합니다. 그 이전의 우주는 없었습니다.

빅뱅 우주론은 과거로 끝없이 뻗어 나가던 우주의 타임라인을 댕강 잘라 버립니다. 그리고 그 이후에만 우주의 역사가 흘러왔다고 이야기합니다. 결국 우리가 거슬러 올라갈 수 있는 가장 먼 과거의 우주는 138억 년 전까지입니다. 우리가 빛으로 볼 수 있는 우주의 가장 먼 과거의 모습도 이때까지입니다. 그보다 더 먼 과거는 볼 수 없습니다. 200억, 300억 년 전의 우주는 볼 수 없습니다. 애초에 그 시점에 우주가 존재하지도 않았으니 말이죠. 자연스럽게 우리가 빛으로 볼 수 있는 우주에는 한계가 만들어집니다. 놀랍게도 빛을 통해 볼 수 있는 우주의 범위는 유한합니다. 우주 공간 자체가 무한할지는 모르겠으나 적어도 우주의 과거는 유한합니다. 빠르지만 유한한 속도로 날아오는 빛으로 관측 가능한 우주의 범위도 결국 유한할 수밖에 없습니다.

왜 우주는 깜깜할까? 이제 이 질문에 한 발짝 가까이 다가가 더 나은 답을 할 수 있게 되었습니다. 오래전 인류는 우주가 무한한 먼 과거부터 하염없이 존재했고, 그래서 우주에 있는 무한히 많은 별의 빛을 빠뜨리지 않고 모두 볼 수 있어야 한다고 생각했습니다. 자연스럽게 우주는 깜깜할 수 없었죠. 하지만 이제 우리는 적어도 빛으로 볼 수 있는 우주의 범위가 유한하다는 사실을 알게 되었습니다. 우주는 무한한 과거를 살지 않았고, 우리가 볼 수 있는 우주의 범위에도 한계가 있습니다. 우리의 관측 가능한 우주는 유한합니다.

하지만 이것만으로 올베르스의 역설을 완벽하게 설명할 수 없습니다. 한 가지 더 중요한 효과를 함께 고려해야 합니다. 앞서 말했듯 우주는 빠르게 팽창 중입니다. 이 팽창은 어둡고 먼 별과 은하의 빛을 더욱 보이지 않게 만듭니다. 빛이 우주 시공간을 타고 날아오는 사이에 시공간 자체가 팽창하면서 빛의 파장이 함께 늘어집니다. 빛의 파장은 곧 빛의 에너지를 대변하죠. 파장이 긴 빛은 에너지가 작습니다. 거리가 더 먼 별과 은하에서 출발한 빛일수록 우주 팽창의 효과를 더 오랜 세월 동안 경험합니다. 그만큼 빛은 더 희미하고 어둡게 변합니다. 파장이 너무 지나치게 길어져서 아예 사람 눈으로 볼 수 없는 적외선 수준으로 늘어져 버립니다. 원래는 평범하게 가시광선이나 에너지가 강한 자외선이라서 밝게 빛났지만, 우주 팽창과 함께 파장이 늘어지면서 결국 보이지 않을 정도로 희미하고 어두운 빛으로 변해 버립니다. 이러한 효과를 '우주론적 적색이동 Cosmological redshift'이라고 부릅니다. 빛은 파장이 길수록 붉은색으로 변하기 때문이죠.

결국 우주는 왜 깜깜하게 보이는가에 대한 설명은 빅뱅 우주론에서 벌어지는 두 가지 효과를 모두 고려해야만 가장 올바른 답을 할 수 있습니다. 무한할 거라 생각했던 우주는 사실 무한하지 않았습니다. 심지어 우주가 팽창하면서 우리의 눈동자에 닿는 우주의 빛은 보이지 않는 파장 너머의 세계로 숨어 버립니다. 흥미롭게도 매일 머리 위에 펼쳐지는 깜깜한 밤하늘의 풍경은 우리 우주가 유한한 과거를 살아왔음을 보여주는 빅뱅 우주론의 가장 확실한 증거가 되는 셈입니다. 이미 수십만 년 전부터 인류는 깜깜한 우주를 매일 바라보며 살았지만, 그것이 우리에게 어떤 진실을 이야기하는지를 이제야 조금씩 이해하고 있습니다. 이것이야말로 우주의 가장 부끄러운 모순이 아닐까요?

우주의 끝은 어디일까?

우주는 끝없이 펼쳐집니다. 머릿속으로 상상하기 어렵지만 우주는 무한한 공간입니다. 하지만 무한이라니, 끝없는 우주를 모두 받아들이기에 우리의 뇌에는 한계가 있습니다. 두려워할 필요 없습니다. 우주 자체는 무한할지 모르지만, 실질적으로 우리에게 유의미한 우주는 끝이 있기 때문입니다.

우리는 빛을 통해 우주를 봅니다. 빛은 아주 빠르죠. 1초에 30만 km를 주파합니다. 빛의 속도로 지구에서 달까지 약 1초, 태양까지 약 8분 걸립니다. 앞서 말했듯 우리가 보는 달과 태양의 빛은 사실 매 순간의 모습이 아닙니다. 약 1초, 그리고 8분 전에 날아온 과거의 빛을 보는 것이죠.

우주

이처럼 빛의 속도도 결국 유한한 속도를 가졌기 때문에 우리는 우주를 볼 때 특별한 경험을 하게 됩니다. 바닷가에 버려진 유리병 속 편지를 꺼내 읽는 상상을 해 볼까요? 무인도에 갇힌 로빈슨 크루소^{Robinson Crusoe}가 바다에 띄운 편지를 발견했다고 생각해 봅시다. 병 속의 편지를 꺼내 읽더라도 그 편지는 반드시 병을 발견한 날보다 한참 전에 쓰인 편지일 수밖에 없습니다. 바닷물이 흘러오는 속도는 느리고 유한하기 때문입니다. 먼 무인도에서 내가 서 있는 해안가까지 바닷물을 타고 병이 흘러오기 위해서는 긴 시간이 필요합니다. 그 시간만큼 과거에 쓰인 편지를 읽을 수밖에 없습니다. 우주에서도 마찬가지입니다. 더 먼 거리에서 날아온 별빛은 더 오래전에 날아온 빛입니다. 더 먼 곳을 볼수록 우리는 더 먼 과거의 잔상을 뒤늦게 보게 됩니다. 우리가 보는 모든 별빛은 과거의 빛인 셈이죠. 우리 머리 위에는 다양한 거리에서 날아온 다양한 시점의 과거를 포착한 순간이 겹쳐 있습니다.

그래서 천문학자들은 망원경을 일종의 타임머신이라고 부릅니다. 더 먼 우주를 겨냥하면 더 먼 과거에 날아온 우주의 순간을 볼 수 있기 때문입니다. 비교적 가까운 거리의 우주를 보면 그리 멀지 않은 과거 시점을 보게 되고요. 가까운 거리는 거리가 멀지 않기 때문에 비교적 선명하게 볼 수 있지만, 현재의 우주와 별반 다르지 않은 풍경을 보게 됩니다. 반면 더 먼 우주를 겨냥하면 빅뱅 직후 우주가 어떤 모습이었을지를 보여주는 상당히 먼 과거의 순간까지 돌아볼 수 있습니다. 이처럼 천문학자들은 먼 거리에 떨어진 흐릿한 과거의 모습부터 비교적 가깝고 선명한 최근의 모습까지, 우주가 변한 과정을 시간이 흐른 순서대로 비교할 수 있습니다. 마치 영화의 필름을 돌려보는 것처럼 우주의 역사가 실제로 어떻게 흘러왔는지 보게 되는 것이죠. 더 먼 우주를 볼수록 더 먼 과거 시점의 우주를 보게 되는 관측적 효과를 천문학에서 '룩백 타임 효과Look-back time effect'라고 합니다.

천문학자로서, 그리고 룩백 타임 효과를 고려한 측면에서 한 가지 재미있는 제안을 해 보고 싶습니다. 우리는 생일날을 맞이하거나 운세가 궁금할 때 별자리를 찾아보곤 하죠. 그렇다면 생일날 자신의 나이만큼 떨어진 광년 거리의 별을 바라보면 어떨까요? 스무 번째 생일에는 20광년 거리의 별을, 서른 번째 생일에는 30광년 거리의 별을 바라보는 것입니다. 그 거리에 떨어진 별에서 만약 누군가 지금의 지구를 보고 있다면 이제 막 태어난 당신의 첫 번째 생일의 순간을 보고 있을지도 모르죠. 매년 같은 자리에서 반복되는 뻔한 생일 별자리보다 해마다 1광년씩 더 먼 우주를 바라보면서 스스로 어린 시절을

우주

추억하는 것도 꽤 특별한 생일이 되지 않을까 생각합니다. 해마다 당신의 모습을 볼 수 있는 우주가 넓어짐을 만끽하면서 말이죠.

여기서 한 가지 짚고 넘어갈 부분이 있습니다. 얼핏 생각하면 우리가 빛을 통해 관측 가능한 우주의 범위가 단순히 우주 나이에 빛의 속도를 곱해서 나오는 반경 138억 광년 크기일 거라 생각하기 쉽습니다. 하지만 그렇지 않습니다. 만약 빅뱅이 발생한 순간 우주가 딱 지금의 크기로 순식간에 만들어진 다음, 아무런 변화를 겪지 않았다면 그 계산이 맞습니다. 하지만 우주는 가만히 멈춰 있지 않죠. 빅뱅이 발생한 순간 작은 점에서 시작되었던 우주는 지금껏 빠르게 팽창하고 있습니다. 그래서 과거에는 더 가까운 거리에 있던 별들과 은하들이 지금은 훨씬 먼 거리로 벗어나는 것입니다. 이러한 우주 자체의 팽창 효과를 함께 고려해서 계산해야 관측 가능하고 올바른 우주의 크기를 잴 수 있습니다. 우주가 지금까지 살아왔던 세월, 우주가 팽창한 효과를 모두 고려하면 실질적으로 우리가 지금 지구에 앉아 빛으로 볼 수 있는 가장 먼 우주까지의 거리는 대략 반경 480억 광년 정도가 됩니다. 따라서 우리는 지름 930억 광년에 달하는 거대한 관측 가능 우주를 품게 되는 것이죠. 이것이 우리에게 쓸모 있는, 그리고 보이는 우주의 끝입니다. 그렇다면 관측 가능한 우주의 끝으로 순간 이동해 그곳에서 다시 주변 풍경을 바라본다면 어떤 우주가 펼쳐질까요? 지금 우리가 보는 우주와 많이 다를까요? 그렇지 않습니다. 여전히 똑같은 우주가 펼쳐질 것입니다. 관측 가능한 우주라는 건 그저 관측자가 서 있는 자리를 중심으로 정의되는 세계일 뿐, 관측자가 어디에 서 있는지는 전혀 중요하지 않습니다. 만약 당신이 오른쪽으로 한 발짝 걸어간다면 당신의 관측 가능한 우주는 통째로 한 발짝만큼 옆으로 이동할 뿐입니다.

지름 930억 광년의 관측 가능하고 거대한 우주에서 재미있는 계산을 하나 해 볼 수 있습니다. 우주 전체가 균일하게 팽창하기 때문에 자연스럽게 더 먼 거리의 우주는 그 거리에 비례해 더 빠르게 멀어집니다. 두 배 먼 우주는 두 배 빠르게, 세 배 먼 우주는 세 배 빠르게 멀어지죠. 결국 계속 더 먼 우주로 가다 보면, 그 우주가 빛의 속도보다 더 빠르게 멀어지는 것처럼 보일 수 있습니다. 그런데 잠깐, 아인슈타인의 상대성 이론에 따르면 우주에 있는 그 어떤 것도 빛보다 빠르게 움직일 수 없다고 하지 않았던가요? 그래서 얼핏 들으면 우주가 빛보다 빠르게 팽창할 수 있다는 이야기는 모순처럼 들립니다. 하지만 전혀 문제가 되지 않습니다. 상대성 이론에서 이야기하는 속도의 한계는 질량을 가진 물체에만 적용되는 기준입니다.

우주 시공간 자체는 아무런 제약을 받지 않습니다. 우주 팽창으로 인해 은하들이 멀어지는 것처럼 보이는 것은 은하가 실제로 우주 시공간을 가로질러 움직이기 때문이 아닙니다. 은하들은 우주 시공간에 가만히 놓여 있지만, 그 시공간 자체가 팽창하면서 은하들 사이의 간격이 벌어지는 것입니다. 따라서 우주 시공간이 통째로 균일하게 팽창한다면 먼 간격을 두고 떨어진 두 은하는 서로가 빛의 속도보다 더 빠르게 멀어지는 것처럼 보일 수 있습니다.

그렇다면 어느 정도로 먼 우주에서 봐야 빛보다 더 빠르게 멀어지는 것처럼 보일까요? 현재 천문학자들이 추정하는 우주의 평균 팽창률은 70km/s/Mpc입니다. 단위가 조금 복잡한데요, 우주의 팽창률은 우주가 팽창하는 속도를 다시 그 우주까지의 거리로 나눈 값이기 때문입니다. 즉, 속도 단위인 km/s를 천문학에서 사용하는 거리 단위 중 하나인 Mpc로 나눈 단위입니다. 참고로 1Mpc은 약 300만 광년 거리에 해당합니다. 따라서 우주의 팽창률을 간단하게 풀어서 말하면, 약 300만 광년 거리에 떨어진 우주는 우리가 봤을 때 70km/s의 속도로 멀어지는 것처럼 보인다는 뜻입니다. 그보다 두 배 먼 600만 광년 거리에 떨어진 우주는 두 배 속도인 140km/s로 멀어지는 것처럼 보이죠. 이렇게 거리에 비례해서 계속 우주가 멀어지는 속도는 빨라집니다. 약 140억 광년 정도 거리가 되면, 드디어 빛의 속도 수준으로 우주가 멀어지는 것처럼 보이기 시작합니다.

우리가 관측 가능한 우주 전체 크기가 반경 480억 광년입니다. 그런데 반경 140억 광년을 벗어나면 그 바깥의 우주는 빛보다 더 빠르게 멀어집니다. 우주의 크기를 간단하게 둥근 구의 형태라고 가정하면, 반경 140억 광년의 구의 부피는 반경 480억 광년의 구의 부피에 비해 겨우 3%도 되지 않습니다. 참고로 구의 부피는 반지름의 세제곱에 비례합니다. 따라서 매우 간단한 뺄셈으로 놀라운 사실을 알 수 있습니다. 우리가 매 순간 보고 있는 관측 가능한 우주 전체에서 빛보다 느린 속도로 멀어지는 우주의 부피는 겨우 3%가 채 되지 않습니다. 나머지 97%가 넘는 우주는 이미 빛보다 빠르게 우리를 떠나는 중입니다. 분명 모두 우리 머리 위에 펼쳐진, 뻔히 보이는 관측 가능한 우주지만 그 우주의 대부분은 이미 영원히 닿을 수 없는 어둠 속 경계 너머로 빛보다 빠르게 우리를 떠나고 있습니다. 관측 가능한 우주 대부분은 우리가 당장 지구를 떠나 빛의 속도로 따라잡으려 해도 절대 다다를 수 없는 먼 거리에 놓여 있습니다.

심지어 최근 관측에 따르면, 우주의 팽창은 갈수록 더 빨라지는 듯합니다. 이것을 '우주의 가속 팽창'이라고 합니다. 우주의 가속 팽창이 앞으로도 지속된다면 우주는 결국 텅 비게 됩니다. 더 많은 우주와 은하가 관측 가능한 우주 너머로 도망가 버리죠. 빛보다 빠른 속도로 말입니다. 이처럼 우주는 매 순간 점차 어두워집니다. 매 순간 우리가 볼 수 있는 밤하늘은 우주의 역사를 통틀어 우리가 볼 수 있는 가장 밝고 아름다운 우주인 셈입니다. 지금 이 순간의 우주를 보지 않는다면 가장 아름다운 우주를 놓치게 되는 것이죠. 천문학자로서 매 순간 미처 보지 못한 채 떠나보내는 우주의 모습이 그저 아쉬울 뿐입니다. 이처럼 매몰찬 우주가 하염없이 팽창하며 자신의 더 많은 부분을 어둠 너머로 밀어 넣는다는 사실은 우리가 왜 매일 쉬지 않고 우주를 봐야 하는지를 이야기하는 가장 합당한 이유라 생각합니다.

우주는 정말
사람의 뇌를 닮았을까?

우주 속 은하들이 분포하는 우주 거대 구조의 모습을 보면 문득 사람 뇌 속 신경 세포들이 연결된 모습이 떠오르곤 합니다. 우주 거대 구조와 뇌 신경 세포, 이 둘은 대략 10^{27} 배 차이가 나는 완전히 다른 스케일을 가졌지만, 둘 다 거미줄과 그물망처럼 긴 필라멘트들이 복잡하게 얽혀 있는 비슷한 모습입니다. 사실 우주와 머릿속 뇌 신경은 이러한 겉모습뿐 아니라 또 다른 비슷한 점을 갖고 있습니다. 사람의 뇌 속 신경은 약 1천억개의 뉴런이 모여 수많은 시냅스로 연결됩니다. 마찬가지로 관측 가능한 우주 안에도 약 1천억 개의 은하가 존재합니다. 사람 뇌의 전체 질량에서 뉴런이 차지하는 비중은 약 25% 미만

이고, 나머지 75% 대부분은 물로 채워져 있습니다. 우주도 비슷합니다. 우주에서 중력으로 모일 수 있는 일반 물질과 암흑 물질, 모든 질량은 우주 전체 구성 요소의 25% 정도입니다. 나머지 75%는 우주 팽창을 가속하는 미지의 에너지, '암흑 에너지Dark energy'로 채워져 있습니다. 정말 절묘한 우연이지 않나요?

이러한 유사성 때문에 얼핏 보면 정말 우리 우주가 거대한 생명체의 머릿속일 수 있겠다는 공상이 꽤 그럴듯하게 느껴집니다. 하지만 분명 우주와 머릿속 신경 세포는 그 스케일도 메커니즘도 완전히 다릅니다. 우주 거대 구조는 중력에 의해 여러 가닥이 모여서 노드Node(매듭)로 뭉치는 방식이라면, 신경 세포망은 노드에 해당하는 세포를 시작으로 여러 가닥의 신경 줄기가 뻗어 나가는 방식입니다. 두 세상을 지배하는 방식과 순서는 완전히 다릅니다.

그렇다면 실제로 우주와 뇌 신경의 모습은 얼마나 비슷할까요? 이 도시 전설 같은 이야기에 매우 진지하게 접근한 천문학자 프랑코 바자Franco Vazza와 뇌과학자 알베르토 펠레티Alberto Feletti가 있습니다. 그리고 천문학에서 사용하던 통계적인 분석을 뇌 신경에 똑같이 적용해, 두 세상이 단순히 겉보기에만 비슷한 것이 아니라 수학적으로도 놀라운 유의미한 유사성을 보인다는 결과를 확인했습니다. 대체 우주와 뇌 신경은 얼마나 비슷한 것일까요?

펠레티는 비교를 위한 대뇌와 소뇌 피질 샘플을 준비했습니다. 약 4μm의 두께로 얇게 잘라서 그 속의 신경 세포들이 분포하는 모습을 현미경으로 4배율, 10배율, 40배율로 촬영했습니다. 천문학자는 약 3억 광년(100Mpc) 크기의 박스 안에 약 130억 개의 암흑 물질 파티클로 구현한 고해상도 우주 시뮬레이션 데이터를 활용했습니다. 그리고 뇌 신경과 똑같이 그 분포를 비교하기 위해 시뮬레이션된 우주를 만들었습니다. 이는 천문학적으로 아주 얇은 두께입니다. 약 8천만 광년(25Mpc) 두께로 잘라 각 방향에서 바라본 우주 거대 구조의 단면 이미지를 얻은 것이죠.

이처럼 복잡하게 얽힌 복잡계 시스템이 통계적으로 얼마나 오밀조밀하게 모여 있는지를 분석하는 다양한 수학적 도구가 있습니다. 그중 천문학에서 많이 사용하는 '파워 스펙트럼 Power spectrum' 분석이 있습니다. 전체 시스템의 각 지역이 전체 평균에 비해 얼마나 높은 밀도를 가졌는지를 통해 전체 시스템의 밀도 분포가 얼마나 고른지, 얼마나 요동치는지를 표현합니다. 또 상대적인 밀도 차이를 분석하는 영역의 크기를 좁은 것부터 넓은 범위로 바꾸어 가며, 스케일에 따라 전체 시스템의 밀도가 요동치는 정도가 어떻게 달라지는지를 표현할 수 있습니다. 예를 들어 카펫을 볼 때 좁은 스케일로 보면 카펫 표면이 까칠까칠하다고 볼 수 있지만, 큰 스케일로 보면 카펫 표면은 매끈매끈하다고 볼 수 있습니다. 이런 분석으로 우주 배경 복사에 숨어 있는 초기 우주 속 미세한 밀도 요동의 흔적을 보기도 합니다. 놀랍게도 이 스케일에 따른 밀도 요동 정도의 변화를 보면 뇌 속 신경 세포와 우주 거대 구조가 굉장히 비슷합니다. 뇌 속 신경망을 $1\mu m$의 작은 스케일에서 시작해 $100\mu m$, 즉 $1mm$ 스케일의 100배 더 큰 스케일로 넓혀 가면서 보면 밀도 분포의 거친 정도가 점진적으로 줄어듭니다. 우주 거대 구조도 500만 광년의 작은 스케일에서 시작해 그보다 100배 더 큰 5억 광년 스케일로 넓혀 가면서 밀도 분포를 보면, 뇌 속 신경망과 비슷한 양상을 그리며 밀도 분포의 거친 정도가 점진적으로 줄어듭니다. 더욱 놀라운 것은 이와 비슷하게 복잡한 방식으로 얽힌 패턴을 그리는 자연 현상들입니다. 예를 들어 나뭇가지가 뻗어 나가는 모습이나 하늘 속 구름의 분포, 파도가 칠 때 일렁이는 물거품의 패턴 등을 두고 똑같이 파워 스펙트럼을 그려서 비교했더니 뇌 신경과 우주 거대 구조와 뚜렷하게 구분되는 모습을 보였습니다. 즉, 여러 복잡계 자연 현상 중에서 유독 뇌 신경과 우주 거대 구조 두 가지만 굉장히 비슷한 모습을 가졌다는 뜻입니다.

또 연구진은 뇌 신경과 우주 거대 구조 속에서 각 노드마다 몇 가닥의 필라멘트가 연결되어 있는지도 비교했습니다. 각 필라멘트가 얼마나 많이 매듭을 이루고 연결되었는지를 알 수 있는 네트워크 분석으로 계산한 결과, 뇌 속 신경 세포망에서 1,800~2,000개 정도의 노드를 찾았습니다. 노드당 평균 4.5~5.4개 정도의 신경 가닥이 연결되어 있었죠. 우주 거대 구조 속에서는 약 3,800~4,700개의 노드를 찾았고, 노드마다 평균적으로 3.8~4.1개의 필라멘트가 연결되어 있다는 것을 확인했습니다. 뇌 신경망과 우주 거대 구조 모두 노드마다 대략 4개 정도의 필라멘트 가닥이 연결되어 있는 꽤 비슷한 분포를 보였습니다.

　즉, 스케일을 넓혀 가면서 밀도 분포가 얼마나 거칠고 매끄러워지는지를 비교해 보았을 때나, 노드당 필라멘트가 몇 가닥씩 모여 있는지를 비교해 보았을 때나, 머릿속 뇌 신경망과 우주 거대 구조는 전반적으로 굉장히 비슷한 세계입니다. 단순히 눈으로 보았을 때 겉보기에 비슷한 수준이 아니라, 수학적으로 엄밀하게 그 분포를 분석해 보아도 통계적으로 두 세계는 굉장히 유사합니다. 다른 스케일과 메커니즘으로 작동하는 뇌 신경과 우주가 어떻게 이런 놀라운 유사성을 보이는 것일까요? '1.4kg의 우주'라는 별명처럼 정말 우리 뇌도 하나의 작은 소우주인 것일까요? 대체 무엇이 뇌 속 신경 세포들과 우주 거대 구조를 이토록 비슷하게 만든 것일까요? 이 질문의 힌트를 얻을 수 있는 흥미로운 실험이 하나 있습니다.

1958년에 개봉했던 SF 영화 〈블롭〉에서는 마치 일본 만화 〈포켓몬스터〉 속 캐릭터 '질퍽이'와 같은 비주얼의 점액질 괴물이 등장합니다. 이 괴물은 영화 제목을 따서 '블롭'이라는 별명으로도 불리는 굉장히 이상한 생명체인데요, 얼핏 보기에 곰팡이처럼 보이기도 하는 이 생명체는 정확하게 '황색망사점균Physarum polycephalum'으로 불리는 동물도 식물도 아닌 균류에 해당합니다. 블롭은 눈도 뇌도 없는 단세포 생명체이지만, 놀랍게도 기억력과 학습 능력을 갖고 있습니다. 블롭은 썩은 나무 표면이나 낙엽 위에 달라붙어서 흰 곰팡이를 먹으며 살아갑니다. 주변에 놓인 먹잇감을 먹기 위해 사방으로 노란 줄기가 뻗어 나가며 성장하죠. 그런데 블롭이 뻗어 나가는 길을 보면, 영양분을 가장 효율적으로 확보할 수 있는 짧고 경제적이며 최적화된 경로를 그립니다.

2000년, 물리학자들은 블롭의 '최단 경로 찾기' 능력을 테스트하기 위해 재미있는 실험을 시도했습니다. 실험용 쥐가 미로 찾기 실험을 하는 것처럼 4cm×4cm 미로 세트를 만들고 그 안에 블롭이 뻗어 나가도록 한 것이죠. 미로의 출구에는 블롭이 좋아하는 먹잇감을 두었고, 미로 입구에서부터 블롭이 퍼져 나가도록 설정했습니다. 이후 몇 번의 시행착오 끝에 놀라운 일이 벌어졌습니다. 처음 시도에서 블롭은 미로 전역 모든 구석구석까지 뻗어 나갔고, 출구에 놓인 먹잇감을 찾기까지 약 여덟 시간이 걸렸습니다. 하지만 대략 스무 번의 시도 후부터는 미로 입구에서 출구까지 가장 짧은 최단 거리로 도달할 수 있는 경로로만 줄기가 성장했습니다. 뇌조차 없는 단세포 균에게 학습 능력이 있다는 사실을 암시하는 결과였습니다.(연구진은 이 익살스러운 연구로 세계 최고 괴짜들에게 돌아가는 이그노벨상의 주인공이 되었습니다.)

이후 연구진은 더욱 재미있는 실험을 시도했습니다. 이번에는 단순한 미로가 아니라 일본 도쿄 주변 지형의 모양을 본뜬 유리판을 하나 준비했습니다. 그리고 그 유리판 위에 도쿄 주변 인구 밀도가 높은 지역에 해당하는 자리에 블롭이 좋아하는 귀리 조각 먹잇감을 두었습니다. 그리고 블롭이 먹이를 먹기 위해 어떻게 뻗어 나가는지를 확인했습니다. 이번에도 처음에는 사방으로 뻗어 나가며 먹잇감의 위치를 파악했습니다. 그런데 약 26시간이 지난 후부터 먹잇감이 놓인 자리까지 가장 짧은 경로로, 효율적으로 뻗어 나가는 방법을 찾기 시작했습니다. 놀랍게도 도쿄의 모양을 본뜬 유리판 위에서 블롭이 찾아 낸 최적의 경로는 실제 도쿄 지하철 노선이 뻗어 있는 모습과 유사했습니다!

세계에서 가장 복잡하기로 유명한 도쿄 지하철의 노선은 인구가 밀집한 도쿄의 거점들을 가장 효율적으로 연결하고자 고민한 결과입니다. 수십 년간 사람들이 고민한 끝에 완성한 그 복잡한 노선도를 단 하루 만에 흉내 낸 것입니다. 그래서 많은 과학자는 이러한 블롭의 놀라운 최단 경로 찾기 노하우를 적용해 내비게이션에서 최단 경로를 찾거나 화재경보기 등 건물에 센서를 효율적으로 배치하는 여러 알고리즘에 활용하는 시도를 하고 있습니다. 그렇다면 이 블롭의 최단 경로 찾기 노하우를 우주의 진화에도 적용해 볼 수 있지 않을까요? 우주 거대 구조는 은하와 은하 사이가 기다란 가스 필라멘트로 얽혀 있는 모습을 가졌습니다. 그런데 우리은하에서 먼 거리에 떨어진 가스 필라멘트는 워낙 어둡고 흐릿하기 때문에 기존의 관측만으로 어디에 필라멘트가 있는지를 바로 알아채기 어렵습니다. 가상의 우주를 시뮬레이션해서 필라멘트가 대강 어느 자리에 있는지를 알 수 있다면, 그 주변만 관측해 실제로 필라멘트가 존재하는지를 더 수월하게 확인할 수 있을 것입니다. 그래서 2020년 천문학자들은 우주 곳곳에 숨은 이 가스 필라멘트의 지도를 파악하기 위해 블롭의 알고리즘을 활용했습니다. 약 3억 광년 범위 안에 실제 관측으로 알고 있는 3만 7천 개의 은하로 채워진 가상의 우주를 만들었습니다. 그리고 각 은하를 블롭의 먹잇감으로 삼아 블롭이 모든 은하를 어떻게 효율적으로 연결하는지를 시뮬레이션했습니다. 기존의 우주 시뮬레이션은 중력이나 암흑 에너지와 같은 물리 법칙을 적용해서 구현합니다. 하지만 이번 시뮬레이션에서는 그러한 기존의 물리 법칙을 모두 배제하고 순전히 블롭의 사냥 방식만 적용했습니다. 놀랍게도 블롭의 사냥 방식으로 완성한 우주의 모습은 물리 법칙으로 완성된 실제 우주의 거대 구조와 굉장히 유사했습니다. 이 과정으로 3억 광년의 주변 우주 안에 가스 필라멘트가 어떻게 분포하고 있을지를 보여 주는 지도를 완성했습니다.

천문학자들은 이렇게 블롭의 알고리즘을 통해 완성한 가상 우주의 필라멘트 지도를 바탕으로, 실제 가스 필라멘트가 있을 것으로 예상되는 방향의 하늘을 관측했습니다. 그리고 그 방향으로 수십억 광년 거리에 있는 350개 퀘이사Quasar의 자외선 빛을 분석했습니다. 블롭의 알고리즘이 예상한 위치에 실제로 가스 필라멘트가 존재한다면 먼 거리의 퀘이사에서 날아온 빛이 우리은하에 도달하기 전, 중간의 가스 필라멘트를 통과해야 합니다. 이 과정에서 필라멘트 속 수소 가스가 퀘이사의 빛

일부를 흡수한 흔적을 남길 것이죠. 이를 통해 실제로 그 자리에 가스 필라멘트가 존재한다는 것을 입증할 수 있습니다. 그리고 놀랍게도 실제 관측 데이터를 분석한 결과, 블롭 알고리즘이 예측한 바로 그 자리에 높은 밀도로 이어지는 가스 필라멘트의 흔적을 확인할 수 있었습니다! 중력도 암흑 에너지도 전혀 모르는 단세포 생명체가 실제 우주 속 필라멘트의 지도를 알아낸 셈입니다. 천문학자들은 이 놀라운 결과를 보고, 블롭에게 말 그대로 뇌가 없는 '무뇌 천문학자Brainless astronomer'라는 별명을 붙여 주었습니다.

우리 머릿속에 얽혀 있는 뇌 신경 세포들, 거대하고 복잡한 우주 구조, 가장 효율적으로 먹잇감을 찾아 뻗어 가는 단세포 생명체 블롭. 자연은 스케일에 상관없이 놀라운 유사성을 보여 줍니다. 그리고 이 모두를 관통하는 단 하나의 원리가 있죠. 극한의 가성비, 곧 짧고 경제적이며 효율적인 최적의 경로Optimal path를 추구한다는 점입니다. 우주가 작동하는 방식은 가장 짧고 효율적인 최적의 경로를 따라 진행됩니다. 빛이 항상 직진으로 날아가는 것도 가장 시간이 짧게 걸리는 최적의 경로이기 때문입니다. 높은 곳에서 물체를 떨어뜨리면 물체는 곧바로 아래로 떨어집니다. 중간에 굳이 멀리 돌아가지 않죠. 시간이 짧게 걸리는 경제적인 방향으로 중력이 작용하기 때문입니다.

　　지능이 있는 철새나 물고기의 움직임뿐만 아니라 뇌가 없는 식물이 가지를 뻗고 뿌리를 내리며 물체가 서로를 끌어당기는 방식에 이르기까지, 우주는 단시간에 효율적이며 최적의 경제적인 방식으로 극한의 가성비를 추구합니다. 사실상 우주는 이러한 극한의 가성비를 추구하여 완성된 최적의 결과물이라고도 볼 수 있습니다. 물론 지금 이 글을 읽는 당신도 그렇습니다. 우주는 왜 하필 이러한 모습을 하고 있을까요? 왜 우주는 하필 이러한 방식으로 진화하는 것일까요? 어떻게 해서 이 거대한 우주가 그 작은 뇌 신경 세포들과 비슷한 모습을 하게 되었을까요? 이유는 간단합니다. 그것이 비용이 적게 드는 가장 효율적인 방식이기 때문입니다.

우리은하는 왜 납작할까?

은하의 모양과 관련해 심심치 않게 받는 질문이 있습니다. 중력은 사방에서 작용한다면서 어떻게 우리은하는 둥근 공이 아닌 납작한 원반 모양을 하고 있냐는 질문입니다. 우리은하, 안드로메다 은하 등 우리에게 익숙하고 아름다운 은하 모두 거대하게 소용돌이치는 납작한 원반 모양을 가졌습니다. 이러한 은하를 '원반 은하'라고 부릅니다. 반면 별들이 마치 한데 모인 벌떼처럼 둥글고 펑퍼짐하게 모인 은하들도 있습니다. 이러한 은하는 '타원 은하'라고 합니다. 당연히 은하의 별들은 서로 중력으로 모여 있을 것입니다. 그리고 중력은 사방으로 작용하죠. 얼핏 생각하면 타원 은하가 훨씬 자연스러운 형태처럼 느껴지지만 이것은 은하의 모양과 관련해 가장 많이 하는 오해입니다. 오히려 정반대로 천문학자들은 원반 은하가 자연스러운 형태라고 생각했습니다. 이러한 오해가 생긴 이유는 천문학자들이 타원 은하를 설명하지 못하고 오랫동안 고민했기 때문입니다.

천문학자들은 초기 우주에 존재했던 거대한 가스 구름이 수축하면서 은하가 만들어졌다고 생각했습니다. 이 과정은 가스 구름이 반죽(중력 수축으로 가스 구름의 밀도가 높아지는 것)되면서 그 중심에 어린 별들과 주변 행성들이 만들어지는 과정과 매우 비슷합니다. 단지 크기만 더 거대해졌다고 보면 됩니다. 초기의 가스 구름은 아주 느리게 회전했습니다. 그러다 자체 중력으로 크기가 줄어들고 수축했죠. 중력 수축으로 인해 가스 구름의 회전 반경이 짧아지게 되고, 전체 각운동량을 보존하기 위해 가스 구름은 더 빠르게 회전했습니다. 어린 별 주변에 납작한 원시 행성 원반이 형성되고 그 위에서 행성이 탄생했듯이, 거대하게 퍼져 있던 우주 초기의 가스 구름도 납작한 원반을 이루며 그 위에서 새로운 별이 탄생했습니다. 애초부터 납작한 원반 모양으로 뭉쳐 있던 반죽 속에서 별들이 빛을 내기 시작하며 밝은 은하를 형성했기 때문에 은하는 자연스럽게 납작한 원반 모양이어야 한다고 생각했습니다.

우리은하 바깥에 또 다른 은하가 있다는 사실을 발견하면서 우주의 지도를 확장시킨 천문학자 에드윈 허블$^{Edwin\ Hubble}$도 처음에 그렇게 생각했습니다. 그런데 은하의 사진을 하나둘 관측하던 허블은 이상한 사실을 깨달았죠. 아무리 봐도 밤하늘에서 동그란 공 모양처럼 보이는 은하가 너무 많이 관측되었습니다. 처음에 허블은 납작한 원반 은하가 다양한 각도로 기울어진 채 관측되기 때문이라고 생각했습니다. 원반 은하를 옆에서 비스듬하게 보면 얇게 보이지만, 정면에서 내려다보면 꽉 찬 동그라미로 보일 수 있기 때문입니다.

그런데 정말 우주에 원반 은하만 존재하고 관측되는 은하들의 모습은 단지 그 은하가 어떤 각도로 기울어져 보이는지의 문제만 있다면, 얇게 보이는 은하와 동그랗게 보이는 은하들은 비슷한 빈도로 관측되어야 합니다. 관측되는 은하의 원반이 기울어진 각도는 무작위일 테니까요. 그러나 실제 우주는 너무나 많은 수의 동그란 은하를 보여 줍니다. 그것은 분명 납작한 원반 모양이 아닌, 둥근 공 모양의 은하가 우주에 또 존재한다는 것을 의미합니다. 바로 타원 은하의 존재입니다. 타원 은하의 발견은 천문학자들을 혼란스럽게 했습니다. 앞서 이야기했듯, 단순히 거대한 가스 구름이 회전하면서 반죽한 결과가 은하라면 모든 은하는 원반 모양이어야 하니 말입니다. 대체 어떻게 별들이 공 모양으로 펑퍼짐하게 모이는 것이 가능한 걸까요?

천문학자들은 흥미로운 사실을 발견했습니다. 타원 은하는 원반 은하에 비해 유독 은하들이 더 높은 밀도로 모여 있는 은하단 중심부에서 많이 발견됩니다. 이것은 타원 은하가 은하들의 밀도가 높은 지역에서 더 쉽게 만들어진다는 것을 의미합니다. 이후 은하를 이루는 개개의 별들이 가진 역학적 움직임까지 면밀하게 관측할 수 있게 되면서 타원 은하의 비밀이 조금씩 풀리기 시작했습니다. 원반 은하의 별들은 마치 태양계 행성들처럼 일제히 같은 방향으로 돌고 있습니다. 반면 타원 은하의 별들은 모두 중구난방의 불규칙한 궤도를 그리며 복잡하게 돌고 있습니다. 타원 은하는 비교적 크기가 작은 원반 은하들이 서로 충돌과 병합을 하면서 반죽된 결과로 볼 수 있습니다. 각 은하를 이루던 별들의 궤도가 복잡하게 섞이면서 불규칙한 별들의 궤도를 모아 놓고 봤을 때 그 모습이 마치 별들이 둥글고 펑퍼짐하게 모여 있는 것처럼 관측되는 것입니다.

여기까지만 보면 은하의 탄생 과정을 꽤 잘 이해하는 것처럼 보이지만 그렇지 않습니다. 방금까지 설명한 이야기는 사실 은하들의 전체 진화 역사로 보면 굉장히 최근에 벌어진 일들에 불과합니다. 인간의 역사로 치면 근현대사에 해당하는 것이죠. 정작 빅뱅 직후 우주에서 최초의 은하가 어떻게 탄생했는지, 그 최초의 은하를 만든 씨앗은 어떤 모습으로 존재했고 어떤 과정을 거쳐 성장했는지 아무것도 알지 못합니다. 이제야 우리는 우주 역사의 근현대사를 어렴풋하게 그리게 되었을 뿐, 우주 역사의 고대사는 전혀 모릅니다.

우리은하는 왜 회전할까?

은하를 연구하는 천문학자들의 이해도가 가장 낮은 은하가 바로 우리은하입니다. 수천만, 수억 광년 거리에 멀리 떨어진 은하들보다 오히려 우리 집, 고향이라 할 수 있는 우리은하를 더 모릅니다. 그 이유는 우리가 거대한 우리은하 안에 갇혀 있기 때문입니다. 우리은하는 몹시 거대합니다. 이제 겨우 태양계를 벗어나고 있는 보이저 탐사선도 지구를 떠난 지 대략 반세기가 넘었습니다. 그런데도 아직 태양계를 완벽하게 떠나지 못했습니다. 그보다 더 거대한 우리은하 바깥으로 탐사선을 보내는 것은 감히 상상조차 할 수 없습니다. 아마 인류가 멸망할 때까지도 절대 이룰 수 없는 꿈이지 않을까 싶습니다. 안타깝게도 우리는 우리은하라는 거대한 숲을 멀리서 바라볼 기회가 없습니다.

인류는 일찍이 은하수 속에서 빛나는 별들의 거리를 재고 지도를 그리면서, 우리은하가 납작한 원반 모양일 것이라 추측해 왔습니다. 실제로는 원반 모양으로 별들이 모여 있지만, 우리가 그 안에 갇힌 채 옆에서 단면만 바라보는 것이기 때문에 은하수의 모습이 밤하늘을 길게 흘러가는 띠의 모양으로 관측될 뿐입니다. 납작한 호떡을 반으로 잘라 옆모습을 본다고 생각해 봅시다. 평생 호떡의 단면만 보고 살았다면, 실제 호떡이 원반 모양이리라고 미처 생각하지 못할 것입니다. 우리은하의 원반을 채운 별들은 모두 은하 중심에 숨어 있는 거대한 블랙홀의 중력에 사로잡혀 있습니다. 지름 10만 광년의 거대한 은하 속 수천억 개에 달하는 많은 별이 이 블랙홀에 붙잡혀 있는 것입니다. 중력이라는 힘이 얼마나 위대한지 새삼 느낄 수 있죠. 천문학자들은 태양 주변 가까운 곳에 있는 별들이 어떻게 움직이는지를 관측했는데, 이들이 마치 태양을 중심으로 한 채 한 방향으로 빙글빙글 도는 듯한 모습을 보인다는 사실을 발견했습니다. 마치 온 우주가 태양을 중심에 둔 채 돈다는 착각을 일으켰죠.

우리은하 중심에 있는 블랙홀을 두고, 태양은 크게 원을 그리며 공전합니다. 태양의 궤도를 기준으로 은하 중심에 있는지, 은하 바깥에 있는지에 따라 지구의 밤하늘에서 관측되는 별들의 움직임에 차이가 있습니다. 태양보다 더 안쪽에서 궤도를 도는 별들은 태양을 앞지르듯 빠르게 움직입니다. 반면 태양보다 더 바깥쪽에서 궤도를 도는 별들은 태양에 비해 뒤처지면서 느리게 움직입니다. 흥미로운 것은 우리은하 중심으로부터 태양과 비슷한 거리를 두고 떨어져 있는 별들은 거의 자리를 바꾸지 않는 것처럼 보입니다. 이러한 별들의 움직임은 우리은하 원반을 이루는 별들이 어떻게 우주 공간을 떠도는지를 보여 주는 매우 중요한 단서입니다.

우리은하 원반이 마치 하나의 단단한 쟁반처럼 돌고 있다고 생각해 봅시다. 우리보다 안쪽에 있는 별이든 바깥쪽에 있는 별이든 상관없이 우리은하 한가운데를 중심에 두고 모두 같은 시간 동안 같은 각도로 이동하는 것입니다. 마치 쟁반 위에 밥풀이 여러 개 붙은 채로 쟁반이 빙글빙글 도는 모습과 유사합니다. 밥풀 모두 쟁반 위에 고정되어 있기 때문에 같은 시간 동안 쟁반 한가운데를 기준으로 휩쓸고 지나가는 각도는 같아야 합니다. 따라서 각각의 밥풀이 다른 밥풀을 바라볼 때 쟁반이 도는 동안 모두 서로가 그대로 멈춘 것처럼 보일 것입니다. 밥풀들은 서로를 보면서 쟁반이 얼마나 빠르게 도는지, 아니 애초에 쟁반이 지금 회전하고 있기는 한 것인지도 알기 어렵겠죠. 이렇게 하나의 단단한 물체처럼 회전하는 것을 '강체 회전'이라고 합니다. 만약 우리은하 원반이 이러한 강체 회전을 한다면, 태양에서 봤을 때 주변의 다른 별들은 모두 움직이지 않는 것처럼 보여야 합니다. 그런데 실제로 태양보다 은하 안쪽에 있는지 바깥쪽에 있는지에 따라 별이 우리보다 앞서거나 뒤처지는 듯한 움직임을 보입니다. 이것은 우리은하 원반이 강체와 다른 방식으로 회전한다는 것을 암시합니다. 다시 말해, 우리은하 한가운데를 중심으로 더 안쪽 궤도를 도는 별과 바깥쪽 궤도를 도는 별들이 움직이는 속도가 다르다는 뜻입니다. 우리은하 원반의 별들은 궤도에 따라 같은 시간 동안 휩쓸고 지나가는 각도가 다릅니다.

이것은 간단한 물리학으로 이해할 수 있습니다. 은하 안쪽의 더 작은 궤도를 그리는 별은 은하 중심의 블랙홀로부터 거리가 더 가깝습니다. 그만큼 더 강한 중력으로 붙잡혀 있죠. 그래서 은하 중심에 끌려가지 않고, 계속 일정한 거리를 둔 채 안정된 궤도를 유지하기 위해서는 별이 매우 빠르게 움직여야 합니다. 반면 은하 외곽에 멀찍이 떨어진 별은 은하 중심으로부터 거리가 먼 만큼 약한 중력으로 붙잡혀 있습니다. 안정적인 궤도를 유지하기 위해 빠른 속도로 돌고 있을 필요는 없습니다. 자연스럽게 은하 안쪽에 있는 별은 더 빠르게, 은하 외곽에 있는 별은 더 느리게 궤도 운동을 하게 되죠. 이처럼 안쪽과 바깥쪽에서 다른 속도로 회전하는 것을 '차등 회전'이라고 합니다. 우리은하는 하나의 단단한 쟁반처럼 돌지 않습니다. 마치 안팎의 구름들이 조금씩 서로 다른 속도로 회전하면서 어긋나는 태풍의 소용돌이처럼 궤도에 따라 조금씩 다른 속도로 회전합니다.

우리은하는 지금으로부터 100억 년 전에 형성되었습니다. 100억 년째 멈추지 않고 거대한 은하의 회전이 이어지고 있는 것입니다. 이렇게 오랜 세월 동안 우리은하의 회전이 멈추지 않고 계속될 수 있는 이유는 크게 두 가지로 볼 수 있습니다. 첫 번째는 거대한 우리은하의 각운동량이 계속 유지되고 있기 때문입니다. 각운동량은 회전하는 물체의 질량과 같습니다. 갑자기 누군가 은하를 파먹고 도망가는 일이 없다면, 은하의 전체 질량은 일정하게 유지됩니다. 마찬가지로 텅 빈 우주 공간에서 처음 회전을 시작한 모든 물체의 각운동량은 계속 유지됩니다. 100억 년 전 중력 수축과 함께 반죽된 가스 구름의 각운동량이 지금까지 보존되면서, 우리은하는 빠른 속도를 유지하며 도는 중입니다. 은하 외곽까지 멀리 퍼진 '암흑 물질 헤일로Dark matter halo'의 존재도 우리은하와 같은 원반 은하들이 오랜 세월 빠르게 회전할 수 있는 중요한 이유이기도 합니다.

1965년 캘리포니아 샌디에이고에 위치한 팔로마산 천문대에서 천문학자 베라 루빈Vera Rubin은 동료 켄트 포드Kent Ford와 함께 은하들을 관측하며 흥미로운 사실을 발견했습니다. 루빈은 안드로메다 은하처럼 지구의 하늘에서 원반이 옆으로 비스듬하게 기울어진 모습의 원반 은하를 주로 관측해 왔습니다. 회전하는 은하의 원반을 옆에서 바라보는 상황을 상상해 봅시다. 원반의 절반은 지구에서 멀어지는 쪽으로, 나머지 절반은 지구를 향해 다가오는 쪽으로 움직입니다. 움직이는 별의 빛은 파장이 더 길어지거나 짧아지는 '도플러 효과Doppler effect'를 겪게 됩니다. 따라서 지구를 향해 다가오는 방향으로 움직이는 은하 원반 절반에 속한 별들은 파장이 더 짧아집니다. 반대로 지구에서 멀어지는 방향으로 움직이는 나머지 은하 절반에 속한 별들은 파장이 더 길어진 빛으로 관측되죠. 다시 말해 은하 원반의 절반은 청색 이동을, 나머지 절반은 적색 이동을 겪는다는 뜻입니다. 이를 통해 루빈은 별들이 안드로메다 은하를 비롯해 여러 원반 은하의 중심에서부터 외곽으로 이동하는 동안 회전 속도가 어떻게 변화하는지 그 양상을 파악했습니다. 그런데 놀랍게도 은하 원반에 있는 별들이 지나치게 빠르게 돈다는 사실을 발견했습니다. 특히 은하 가장자리에 있는 별들의 속도가 몹시 빨랐습니다. 이 새로운 발견은 은하가 얼마나 밝게 보이는지를 관찰해 그 은하에 별이 몇 개인지를 추정하고, 이를 통해 그 별의 질량을 모두 합한 은하 전체의 질량이 어느 정도일지를 헤아릴 수 있는 계기를 만들어 주었습니다. 하지만 이렇게 전체 밝기만으로 추정한 은하의 미약한 중력으로는 은하 가장자리에서 빠르게 움직이는 별을 붙잡을 수 없을 것처럼 보였습니다. 이미 오래전 은하의 중력을 벗어나, 은하 바깥 우주 공간으로 마구 튀어 나갔어야 할 정도로 별은 너무 빨랐습니다. 루빈은 은하들이 마치 겉으로 보기보다 훨씬 더 강한 중력을 과시하는 듯하다고 생각했습니다.

1978년까지 루빈은 포드와 함께 총 10개의 밝고 거대한 원반 은하 속 별들의 움직임을 면밀하게 관측했습니다. 그리고 모두 안드로메다 은하와 비슷한 움직임을 가졌다는 결론을 도출했습니다. 은하 외곽을 도는 별들의 속도는 매우 빨랐습니다. 은하 안쪽에 있는 별 못지않게 빠르게 궤도를 돌면서 은하의 중력을 아슬아슬하게 벗어나듯 움직였죠. 은하들이 겉으로 보기보다 훨씬 더 강한 중력으로 별들을 붙잡는 것처럼 보이는 이 현상을 대체 어떻게 이해할 수 있을까요? 루빈은 한 가지 파격적인 가능성을 고민했습니다. 어쩌면 은하 안에 눈으로 볼 수 없는 어둠 속의 질량이 숨어 있는 게 아닐까요? 빛을 내지 않아서 일반적인 망원경으로 볼 수 없을 뿐, 질량을 가졌다면 분명 은하 전체 중력에 기여할 수 있습니다. 루빈은 보이지 않는 이미지의 존재를 말 그대로 '인비저블 매터 Invisible matter', 즉 '보이지 않는 질량'이라고 불렀습니다. 이것은 정말 충격적인 주장이었습니다. 천문학의 본질을 거스르는 주장이었으니까요. 천문학은 본질적으로 빛의 과학입니다. 그동안 천문학은 시각에 의존해 발전되었습니다. 그런데 빛으로도 볼 수 없는 존재가 있다니, 그 정의 자체만으로도 천문학의 대상이 될 수 없는 기묘한 존재로 느껴졌습니다. 사실 루빈의 발견이 있기 전부터 천문학자들 사이에서는 우주에 빛으로 볼 수 없는 유령과 같은 물질이 숨어 있을 것이라는 추측이 떠돌았습니다. 하지만 끝까지 천문학자들은 그런 끔찍한 가능성을 애써 외면했죠. 루빈의 발견은 결국 유령의 존재를 인정하게 만들었습니다. 오늘날 천문학자들은 우주 속 이 보이지 않는 유령에게 '암흑 물질'이라는 이름을 지어 주었습니다.

우리은하를 비롯한 대부분의 은하는 암흑 물질이 둥글게 퍼진 헤일로로 둘러싸여 있습니다. 헤일로는 은하 중심으로 갈수록 밀도가 빠르게 높아지고 외곽으로 갈수록 밀도가 크게 줄어듭니다. 헤일로의 지름은 대략 30만 광년이 넘을 것이라 추정합니다. 빛으로 관측할 수 있는 별 원반의 지름이 10만 광년이라는 것을 감안하면 헤일로는 눈으로 보이는 은하의 경계보다 훨씬 더 멀리 퍼져 있다는 것을 알 수 있습니다.

이처럼 헤일로가 은하 외곽 너머까지 넓게 퍼져 분포하는 덕분에, 은하 외곽의 별들도 은하 중력을 벗어나지 않고 안정적으로 계속 붙잡혀 궤도를 돌 수 있습니다. 우리은하를 비롯한 원반 은하들의 회전은 빅뱅 직후, 초기 우주에서 은하가 처음 만들어질 때부터 시작되었던 각운동량의 보존과 중력, 원심력의 균형을 보여 줍니다. 그리고 그러한 균형이 100억 년 넘게 이어질 수 있는 데에는 눈에 보이지 않는 우주 속 수많은 유령의 활약이 숨어 있습니다. 너무 흔해서 평범하게 보이는 은하들의 회전은 사실 우주에서 가장 미스터리한 비밀을 적나라하게 보여 주는 놀라운 광경이라 할 수 있습니다.

우리은하와 안드로메다 은하가
부딪히면 어떻게 될까?

앞으로의 시간 동안 우주에서는 무슨 일이 벌어질까요? 천문학자는 예언가가 아닙니다. 단지 과거부터 현재, 그리고 미래까지 우리가 지금 파악하고 있는 물리 법칙이 계속 동일하게 작동할 것이라는 믿음 아래에서 우주에 벌어질 일을 내다볼 뿐입니다. 이를테면 앞으로 40~50억 년 정도가 지나면 결국 태양이 비대하게 부풀면서 진화를 멈추고 행성상 성운을 남기며 사라질 것입니다. 이처럼 우주의 운명을 이야기할 때 많이 거론되는 이야기가 있습니다. 우리은하가 이웃한 안드로메다 은하와 충돌할 것이란 이야기입니다.

이 이야기는 20세기 초, 천문학자 베스토 슬라이퍼 ^{Vesto}

Slipher의 발견에서부터 시작됩니다. 당시 슬라이퍼는 갑부 출신의 천문학자 퍼시벌 로웰Percival Lowell이 사비를 들여 직접 세운 천문대에서 화성을 비롯한 행성의 대기권을 관측하고 있었습니다. 로웰은 화성에 외계 생명체가 있을 것이라는 생각에 심취했었는데, 이것을 검증하기 위해 화성의 대기권에도 지구의 하늘과 비슷한 화학 성분이 있는지를 확인하려고 했습니다. 행성의 대기 성분을 파악하기 위해서는 그 스펙트럼을 관측해야 합니다. 각 행성의 빛이 행성 대기권을 통과하면서 중간중간 특정한 파장에서 빛을 흡수하고, 검은 줄무늬와 같은 흔적을 남깁니다. 이것을 '흡수 스펙트럼Absorption spectrum'이라고 합니다. 그런데 만약 행성이 멈춰 있지 않고 움직인다면, 스펙트럼에 그려지는 흡수선이 만들어지는 파장도 함께 변합니다. 이때 도플러 효과가 나타납니다. 앞서 말했듯 광원이 지구를 향해 다가오면 그 빛의 파장이 더 짧은 쪽으로 변하고, 광원이 지구에서 멀어지면 스펙트럼은 더 긴 파장으로 변하죠. 빛은 파장이 짧아질수록 푸른색을 띠고, 파장이 길수록 붉은색을 띱니다.

슬라이퍼의 망원경은 1912년부터 태양계 행성 너머 밤하늘 곳곳에서 관측되는 흐릿한 은하들도 겨냥하기 시작했습니다. 그리고 그는 재미있는 사실을 발견했습니다. 대부분의 은하는 스펙트럼에서 뚜렷한 도플러 효과를 보였습니다. 그중에서 안드로메다 은하의 스펙트럼은 아주 뚜렷하게 파장이 짧은 곳에서 흡수선을 보였습니다. 이것은 안드로메다 은하가 우주 공간에 가만히 멈춰 있는 게 아니라 우리은하를 향해 빠르게 다가오고 있다는 뜻이었습니다. 당시 슬라이퍼가 추정했던 안드로메다 은하가 우리를 향해 다가오는 속도는 약 300km/s였습니다. 현재 더 정밀한 관측으로 파악한 속도는 약 110km/s입니다. 슬라이퍼가 안드로메다 은하를 관측하던 당시까지만 해도 우주는 우리은하가 전부일 것이라 생각했습니다. 안드로메다 은하도 우리은하 바깥에 있는 게 아닌, 우리은하 안에 포함된 작은 가스 구름이라고 생각했죠. 그런데 슬라이퍼가 관측으로 확인했던 안드로메다 은하의 속도는 너무 빨랐습니다. 우리은하의 중력에 안정적으로 붙잡힌 작은 가스 구름일 뿐이라고 볼 수 없는 수준이었죠. 이미 우리은하의 중력을 벗어나 홀로 우주 공간을 떠돈다고 봐야 할 정도였습니다. 이러한 슬라이퍼의 발견은 이후 안드로메다 은하가 우리은하 바깥에 벗어난 별개의 은하였다는 사실을 보여 주는 중요한 발견의 계기가 되었습니다.

안드로메다 은하는 우리은하와 중력을 주고받으면서 빠르게 접근하는 중입니다. 현재 두 은하는 250만 광년 거리를 두고 떨어져 있습니다. 거리와 속도를 감안하면 앞으로 대략

50억 년 정도가 지났을 때, 두 은하가 품고 있던 별과 가스 구름이 본격적으로 반죽되기 시작할 것입니다. 현재 안드로메다 은하는 어두운 밤하늘에서 보면, 보름달 너비의 6배 정도 크기로 관측됩니다. 10억 년 정도가 더 흘러 우리에게 가까이 다가온다면 안드로메다 은하에 속한 별들을 맨눈으로 하나하나 구분해서 볼 수 있을 것입니다. 지금으로부터 40억 년이 흐른다면, 본격적으로 두 은하의 물질이 복잡하게 뒤엉키면서 별들의 궤도가 흐트러질 것입니다. 또 두 은하가 품고 있던 가스 물질이 높은 밀도로 반죽되면서 격렬한 별들의 탄생이 이어질 거고요. 찬란하게 빛나는 새로운 별들의 불꽃놀이가 머리 위를 채우게 되겠죠. 실제로 우주 곳곳에서 은하들의 충돌이 벌어지고 있는데, 충돌을 한창 겪는 중인 많은 은하에서 새로운 별들이 한꺼번에 큰 규모로 탄생하는 광경을 볼 수 있습니다. 이것을 '스타버스트Starburst'라고 부릅니다. 다만 스타버스트는 매우 급격한 과정이기 때문에 은하들이 품고 있던 가스 물질을 빠르게 소모시킵니다. 그리고 은하는 다시 새로운 별을 만들 수 없는 상태가 되어 버리죠.

지금으로부터 50억 년이 지나면, 결국 각각의 원반 모양을 갖고 있던 안드로메다 은하와 우리은하 모두 기존의 형태를 잃고, 하나의 둥글고 펑퍼짐한 타원 은하로 병합하게 될 것입니다. 원반 은하 두 개가 병합한 결과가 타원 은하가 되는 이유는 은하 간 상호 작용으로 별들의 궤도가 무작위로 변하기 때문입니다. 정확히 벌집 주변에 윙윙거리면서 아무렇게나 날아다니는 벌떼가 마치 둥글게 보이는 것과 같습니다. 벌 한 마리를 떼어 놓고 보면 벌들은 벌집 주변을 둥글게 궤도를 그리겠지만, 각 벌이 그리는 궤적을 한꺼번에 모아 놓고 보니 둥글게 보이는 것이죠. 재밌게도 참을성이 부족했던 천문학자들은 한참 후에나 완성될 우리은하와 안드로메다 은하의 합작품에 벌써 이름을 지어 놓았습니다. 다만 이름의 센스가 그닥 좋지 않다는 점만 유념하기를 바랍니다. 우리은하를 뜻하는 밀키웨이와 안드로메다의 이름을 반씩 떼어 붙여 '밀코메다Milkomeda'라는 이름을 지었습니다. 앞으로 50억 년 뒤에 우리는 밀코메다라는 새로운 이름으로 불리게 될 거대한 타원 은하에 살게 될 것입니다.

그렇다면 우리은하와 안드로메다 은하가 충돌하는 이 격렬한 과정에서 우리는 무사히 살아남을 수 있을까요? 지구에 작은 소행성 하나가 충돌해도 대재앙이 찾아오는데, 지름 10만 광년을 넘는 거대한 은하가 날아온다면 정말 위험한 일이 아닐까요? 그래서 흔히 은하 두 개가 충돌하는 과정에서 각 은하들이 품고 있던 별들도 서로 부딪히는 일이 빈번할 것이라 예상합니다. 하지만 의외로 은하들의 충돌은 꽤 평화롭게 진행됩니다. 각 은하가 품고 있는 별끼리 직접 부딪히거나 파괴되는 일은 거의 일어나지 않습니다. 은하를 채우는 별과 별 사이 공간은 거의 텅 비었기 때문입니다. 우주 공간을 채우는 은하들의 밀도에 비해, 은하 속 별들의 밀도가 훨씬 적고 휑합니다.

우리은하의 지름은 약 10만 광년입니다. 관측에 따라 조금씩 차이가 있지만 안드로메다 은하도 우리은하와 비슷한 크기로 추정합니다. 우리은하와 안드로메다 은하 사이 거리는 대략 250만 광년입니다. 따라서 단순하게 계산하면, 우리은하와 안드로메다 은하 사이에 우리은하를 25개 정도 줄지어 놓을 수 있습니다. 우리은하와 안드로메다 은하가 서로 떨어져 있는 모습은 마치 30cm 자 양 끝에 1cm 크기의 알사탕이 하나씩 떨어져 있는 것과 비슷합니다.

반면 두 은하 안에 속한 별의 밀도는 훨씬 텅 비어 있습니다. 단적인 예로 우리 태양계 바깥에 있는 가장 가까운 별 프록시마 센타우리Proxima centauri 별은 4.2광년 거리에 떨어져 있습니다. 1광년은 빛의 속도로 1년을 날아가야 하는 거리입니다. 대략 9조 4,607억 km입니다. 프록시마 센타우리 별까지의 거리에 해당하는 4.2광년은 대략 39조 7억 km 정도 되겠네요.

그에 비해 우리 태양 자체의 지름은 겨우 140만 km밖에 안 됩니다. 태양과 프록시마 센타우리 사이에 태양을 2,850만 개를 놓을 수 있습니다. 이번에도 똑같이 태양과 프록시마 센타우리 사이의 거리를 30cm 자로 환산한다면, 각 별은 그 자의 양 끝에 찍힌 작은 잉크 점 하나 수준도 안 될 것입니다. 이처럼 은하들이 서로 떨어져 있는 거리는 은하 자체의 크기에 비해 그리 멀지 않습니다. 그렇기 때문에 은하 간의 충돌은 빈번하게 벌어집니다. 하지만 은하 안에 있는 별들은 상황이 많이 다릅니다. 별들 사이의 거리는 별 자체 크기에 비해 너무 멀죠. 그래서 은하 두 개가 서로 반죽하고 충돌하더라도 각 은하에 살고 있는 별끼리 부딪히는 일은 거의 벌어지지 않을 것입니다.

이 덕분에 안드로메다 은하가 우리은하를 향해 돌진하더라도 우리 태양이 다른 별을 향해 곤두박질치지는 않을지 걱정할 필요 없습니다. 다만 그전에 이미 태양은 거대한 적색 거성으로 부풀면서 우리 지구를 잡아먹고 난 뒤일 것입니다. 인류의 후손은 안드로메다 은하와의 충돌을 걱정하기보다 태양의 팽창으로부터 살아남기 위한 고민을 해야 합니다.

먼 미래, 두 은하가 충돌하는 광경을 운 좋게 지구에 살아남아 보게 된다면 우리는 밤하늘을 길게 수직으로 가로지르는 모습의 은하수를 볼 수 없게 될 것입니다. 은하수는 말 그대로 밤하늘을 가로지르는 긴 은빛 강줄기라는 뜻에서 은하수라는 이름이 지어졌습니다. 따라서 그때가 되면 은하수라는 표현은 실제 우주의 모습을 반영하지 못하는 과거의 유물이 될 것입니다. 물론 이렇게나 먼 미래가 되면 은하수라는 말을 그리워할 존재도 없겠지만 말이죠. 과연 앞으로 펼쳐질 안드로메다 은하와 우리은하의 진한 스킨십은 어떤 결말을 맞이하게 될까요?

우리가 바로 그 우주의 장엄한 사랑이 펼쳐지는 현장 한복판에 살고 있었다는 사실을 깨닫게 된 지금, 머리 위에서 천천히 벌어지고 있는 두 은하의 사랑이 유독 더 애틋하게 느껴지는 듯합니다. 매년 겨울 밤하늘에 뜬 안드로메다 은하를 보면서 우리는 이렇게 말할 수 있습니다. 오늘의 안드로메다가 어제보다 더 가깝다고 말입니다.

2장

별과 행성

왜 초록색 별은 없을까?

밤하늘에서 빛나는 별을 잘 보면, 별마다 각기 다른 빛깔을 품고 있습니다. 어떤 별은 푸르스름하게, 어떤 별은 노랗게, 또어떤 별은 붉게 빛나죠. 그런데 아무리 하늘을 뒤져 봐도 보이지 않는 색깔이 있습니다. 바로 초록색입니다. 초록색 별은 우주에 없습니다. 분명 빨주노초파남보 무지개 빛깔에는 당당하게 존재하는 초록색이 우주에서는 사라집니다. 대체 초록색은 어디로 간 걸까요?

왜 초록색 별이 보이지 않는지 이해하기 위해 우선 별빛의 색깔이 어떻게 만들어지는지 이해할 필요가 있습니다. 우주의 모든 별은 각자 고유의 온도를 머금습니다. 그리고 모든 파장에 걸쳐 에너지를 발산하죠. 빛은 파동처럼 진동하는 성질을 가졌습니다. 그래서 파동이 얼마나 긴 폭으로 진동하는지를 나타내는 파장의 길이로 에너지 세기를 비교할 수 있습니다. 파장이 짧으면 빠르게 진동한다는 뜻입니다. 그만큼 그 빛은 에너지가 매우 강합니다. 뜨거운 물체에서 나오는 빛은 파장이 짧고 푸르게 빛납니다. 반대로 파장이 길면 느리게 진동하고 에너지가 작습니다. 온도가 미지근한 빛은 파장이 길고 붉게 빛납니다. 별도 마찬가지입니다. 온도가 뜨거운 별은 더 푸르게 빛나고, 온도가 미지근한 별은 더 붉게 빛납니다.

그런데 별은 딱 한 파장의 빛만 내보내지 않습니다. 파장이 짧은 빛에서 파장이 긴 빛까지 다양한 종류의 빛을 한꺼번에 방출하죠. 우리가 보는 별빛의 색깔은 다양한 파장의 빛이 한데 모여 뒤섞인 일종의 칵테일에서 보이는 색깔과 같습니다. 온도가 미지근한 별도 푸른빛을 방출합니다. 단지 대부분의 빛을 에너지가 훨씬 적은 붉은빛에서 방출할 뿐입니다. 진한 붉은빛에 푸른빛을 약간 섞어서 칵테일을 만든다면 그 전반적인 색깔은 붉은색이 됩니다. 그래서 온도가 미지근한 별은 붉게 보이죠. 반대로 온도가 뜨거운 별은 대부분의 빛을 푸른색에서 방출합니다. 붉은빛도 방출하지만, 극히 일부일 뿐입니다. 이 때문에 대부분 푸른빛에 붉은빛이 조금 섞이고, 결국 그 평균적인 색깔은 푸른색이 됩니다. 이처럼 자신이 품고 있는 에너지를 가장 파장이 짧은 빛부터 파장이 긴 빛까지 골고루 발산하는 것을 '흑체 복사,Blackbody radiation'라고 합니다. 모든 별은 흑체 복사에 가깝게 빛을 냅니다. 흑체 복사는 파장이 짧은 빛부터 긴 빛까지 연속적으로 에너지를 발산합니다.

초록색 별을 만들기 위해 너무 뜨겁지도 않고 미지근하지도 않은 딱 적당한 중간 온도의 별을 생각해 보겠습니다. 초록빛은 푸른빛보다 파장이 길고, 붉은빛보다 파장이 짧습니다. 따라서 단순하게 생각하면 대부분의 빛을 푸른색도 붉은색도 아닌 초록색에서 방출할 수 있을 정도로 그 중간쯤의 온도를 가진 별이라면 그 별은 초록색으로 보여야 합니다. 초록색 파장에서 가장 많은 에너지를 방출하려면 별의 온도는 대략 5,800K쯤 되어야 합니다. 딱 태양의 표면 온도쯤 되는 것이죠. 그런데 태양은 초록색 별이 아닙니다. 왜 그럴까요?

그 이유는 흑체 복사가 단순히 특정한 한 파장의 빛만 골라서 방출하는 식으로 작동하지 않기 때문입니다. 흑체 복사는 파장이 짧은 빛에서 긴 빛까지, 골고루 연속적으로 에너지를 발산합니다. 초록색에 해당하는 파장의 빛을 발산한다면 그보다 살짝 파장이 짧거나 긴 다른 색깔의 빛들도 함께 발산할 수밖에 없습니다. 특히 초록색은 빨주노초파남보 무지개 스펙트럼 중에서 한가운데 놓인 빛입니다. 따라서 초록빛을 가장 많이 발산하기 위해서는 그에 버금갈 정도로 많은 노란빛과 푸른빛을 함께 내보내야 합니다. 앞서 말했듯 우리가 관측하는 별의 겉보기 색깔은 별이 방출하는 모든 종류의 빛의 색을 혼합한 칵테일 색입니다. 표면 온도가 5,800K쯤 되는 별은 가장 많은 빛을 초록색 파장에서 발산하지만, 그에 버금가는 다른 색소가 함께 혼합되어 버리기 때문에 결국 칵테일의 색은 온전히 초록색이 될 수 없습니다. 다른 색이 함께 혼합되면서 노랗고 하얀빛을 띠게 되죠. 이것이 우리 태양이 밝고 노란색으로 빛나는 이유입니다.

같은 이유로 우주에서 사라진 또 다른 색이 있습니다. 바로 보라색입니다. 빛을 섞어서 보라색을 만들려면, 딱 푸른빛과 붉은빛만 골라서 섞어야 합니다. 그런데 강조했듯이 별이 에너지를 발산하는 흑체 복사는 파장이 짧은 빛에서 긴 빛까지 모두 골고루 발산합니다. 무지개 스펙트럼의 가운데 범위는 쏙 빼고 파장이 가장 짧은 푸른빛과 가장 긴 붉은빛만 골라서 내보내지 못합니다. 별이 보랏빛을 내기 위해서는 가장 양 끝의 파장이 제일 길고 짧은 빛만 내보내야 하는데 그것은 불가능하죠. 그래서 우주에서는 초록색 별뿐 아니라, 보라색 별도 볼 수 없습니다. 초록색과 보라색은 가장 비우주적인 색깔인 것입니다. 초록색은 지구에서 생명을 상징하는 색깔이라는 점에서 더욱 흥미롭지 않나요? 우주에서 초록색 별이 존재하지 않는다는 사실은 우주에서 생명이 싹을 틔우는 것이 얼마나 어려운 일인지를 보여 주는 듯하다는 생각이 듭니다.

초록색과 보라색은 순수한 별빛만으로 절대 만들 수 없는 색깔이지만, 분명 선명한 초록빛과 보랏빛을 볼 수 있는 대표적인 현상이 하나 있습니다. 바로 극지방에서 볼 수 있는 오로라입니다. 초록빛과 보랏빛이 존재할 수 없다면, 반대로 오로라는 어떻게 그 빛깔을 만드는 걸까요? 그것은 오로라가 빛을 만드는 방식이 별이 빛을 내는 것과 다르기 때문입니다. 별은 머금고 있는 온도에 해당하는 에너지를 모든 파장에 걸쳐 고르게 발산하는 흑체 복사 형태로 빛납니다. 하지만 오로라는 다릅니다. 오로라는 흑체 복사로 빛을 내지 않습니다. 대신 지구 대기권에 있는 산소와 같은 특정한 화학 성분이 내는 빛으로 채워집니다.

오로라는 태양과 지구 자기장의 상호 작용으로 만들어진 아름다운 예술 작품입니다. 태양에서 방출된 고에너지 입자들이 지구 자기장에 사로잡힙니다. 지구는 하나의 자석과 같아서 남극과 북극에 자기장 다발이 잔뜩 모여듭니다. 지구의 자기장을 따라 태양에서 방출된 입자들이 모여들고, 지구 대기권

속 산소 분자에 에너지를 가하게 됩니다. 산소 분자는 높은 에너지를 받으면 초록빛을 방출하는 특징이 있습니다. 그래서 특히 지구의 극지방에서 초록빛으로 아른거리는 거대한 오로라가 펼쳐지는 것입니다. 더 높은 고도로 올라가면 대기 밀도가 희박해지고 태양에서 흘러온 입자가 산소 분자와 부딪히는 일이 줄어듭니다. 대신 질소 분자와 같은 다른 화학 성분과 충돌하기 시작하는데, 이들은 초록빛이 아닌 보랏빛을 방출합니다. 그렇기 때문에 더 높은 고도에서 만들어지는 오로라는 보랏빛으로 아른거립니다.

이처럼 화학 성분들은 흑체 복사와 달리 특정한 색깔의 빛만 골라서 방출할 수 있습니다. 이 현상은 우주 공간을 떠도는 많은 가스 구름에서 벌어집니다. 가스 구름 주변에 밝게 빛나는 별이 있다면, 별빛을 받아 에너지를 얻은 가스 구름 속 화학 성분들이 각자 고유한 파장의 빛을 발산하게 됩니다. 그래서 가스 구름은 순수한 흑체 복사만으로 빛을 내는 별빛과 달리, 초록색과 보라색 등 조금 더 다채로운 빛을 띨 수 있습니다. 별빛의 팔레트에 비해 가스 구름의 팔레트는 조금 더 풍성하다고 볼 수 있죠.

가끔 천문학자들이 관측한 우주 사진을 보면서, 정말 우주에 올라가 직접 우주를 바라보면 알록달록한 모습의 우주를 볼 수 있을 것이라고 기대하는 사람들이 있습니다. 아쉽지만 그렇지는 않습니다. 우리가 흔히 볼 수 있는 화려한 우주 사진은 모두 특정한 과학적 목적에 따라 색을 입혀서 만든 사진이기 때문입니다. 천문학자들이 우주 사진을 찍는 이유는 단순히 새로운 스마트폰 배경화면을 얻기 위해서가 아닙니다. 천문학자들은 각 천체의 빛 속에 어떤 화학 성분이 스며들어 있는지에 관심이 있습니다. 그것을 더 선명하게 구분하려면 각 화학 성분들이 방출하는 빛을 더 극적으로 강조해 표현할 필요가 있습니다. 산소가 좋아하는 초록색 파장의 빛, 수소가 좋아하는 붉은색 파장의 빛만 따로 골라내 관측할 수 있는 필터로 사진을 찍는 것이죠. 그다음 각기 다른 색깔의 사진을 모두 모아 합성하면 알록달록하고 화려한 사진이 만들어집니다. 아쉽게도 우리의 눈은 이러한 작업을 하지 못합니다. 그저 천체에서 방출된 빛을 동시에 섞어 하나의 칵테일로 바라볼 뿐입니다. 재미있게도, 직접 우주에 올라가서 우주복 헬멧을 쓰고 바라보는 우주보다 지구에서 망원경을 거쳐 보는 우주가 더 화려한 셈입니다.

태양은 왜
한 번에 타지 않을까?

태양은 별입니다. 별이라는 건 뜨겁게 타는 가스 덩어리를 말합니다. 태양은 매우 뜨겁죠. 표면 온도만 5,800K에 달합니다. 태양의 중심은 무려 1,500만K에 이르고요. 태양은 대부분 수소로 이루어집니다. 세상에, 수천수만에 육박하는 뜨거운 온도로 달궈진 거대한 수소 덩어리라니! 하나의 거대한 수소 폭탄처럼 느껴집니다. 우리가 주변에서 볼 수 있는 불꽃은 순식간에 화르르 타 버립니다. 그렇다면 태양도 순식간에 화르르 폭발했어야 하는 게 아닐까요? 그런데 천문학자들은 태양이 50억 년째 꾸준히 타고 있고, 앞으로도 약 50억 년은 거뜬할 것이라 이야기합니다. 대체 어떻게 수소 덩어리인 태양은 순식간에 다 타 버리지 않고, 그렇게 오랜 세월 동안 계속 불씨를 유지할 수 있는 걸까요?

사실 천문학자들은 100년 전까지만 해도 태양과 지구가 크게 다르지 않다고 생각했습니다. 태양도 지구처럼 주로 금속으로 이루어졌을 거라 생각했죠. 그리고 태양은 금속이 뜨겁게 달궈져 녹아 있는 용광로 덩어리와 같다고 생각했습니다. 하지만 이러한 생각은 문제가 있었습니다. 태양이 단순히 뜨겁게 달궈진 쇳덩어리에 불과하다면, 태양의 불씨는 이미 꺼졌어야 합니다. 태양의 질량은 그 주변을 맴도는 지구의 움직임으로 유추할 수 있는데, 태양의 질량은 2×10^{30}kg입니다. 지구 질량의 33만 배나 됩니다.

간단한 계산을 위해 태양이 모두 순수한 철 덩어리라고 가정해 봅시다. 우리는 철이 얼마나 빠르게 달궈지는지를 잘 알고 있습니다. 이것을 '비열'이라고 하는데, 철 1kg의 온도를 1℃ 높이기 위해 필요한 에너지는 대략 450J 정도입니다. 따라서 간단하게 태양 질량 전체의 밀도가 균일한 철 덩어리로 채워졌다고 가정하면, 태양만큼 무거운 철 덩어리의 온도를 5,800K까지 달구기 위해 필요한 전체 에너지는 대략 5.2×10^{36}J가 됩니다. 이것은 태양 전체가 철이라고 가정했을 때 철 덩어리 태양이 품은 에너지입니다. 이 에너지를 조금씩 갉아먹으면서 태양이 빛을 낸다고 가정할 수 있습니다. 현재 태양의 광도는 3.8×10^{26}W입니다. 즉, 1초에 3.8×10^{26}J의 에너지를 잃어버립니다. 계산을 간단히 하기 위해 태양이 처음 태어났을 때부터 계속 이 정도의 광도로 빛나고 있었다고 가정하면, 언제쯤 철 덩어리 태양이 품은 에너지가 고갈될지 알 수 있습니다. 태양이 품은 전체 에너지 5.2×10^{36}J을 1초당 에너지를 잃어버리는 속도인 태양의 광도 3.8×10^{26}W로 나누어 주면 됩니다. 그 결과는 매우 당황스럽습니다. 태양은 고작 430년 만에 전체 에너지를 잃고 불씨가 꺼졌어야 마땅합니다!

하지만 이미 지질학자들은 지구에서 가장 오래된 암석의 나이가 40억 살을 넘는다는 사실을 알고 있습니다. 즉 지구의 나이만 해도 최소 40억 년은 넘어야 합니다. 실제로 지질학자들이 추정하는 지구에서 최초로 암석이 굳은 시점이 대략 45억 년 전쯤입니다. 태양이 만들어진 이후에 지구가 만들어졌을 것이므로 태양은 지구보다 나이가 많아야 합니다. 만약 태양이 겨우 430년 만에 불씨가 꺼졌어야 한다면, 지금껏 우리 머리 위에서 밝게 빛나던 태양은 존재할 수 없습니다. 이것은 치명적인 모순입니다.

그래서 오랫동안 태양이 대체 어떻게 이토록 오랫동안 빛을 잃지 않고 살아남을 수 있었는지는 풀리지 않는 미스터리였습니다. 20세기에 들어서며 비로소 천문학자들은 태양이 금속 덩어리가 아니었다는 사실을 뒤늦게 알게 되었습니다. 태양빛을 프리즘과 같은 장치를 거쳐 확인해 보니, 태양 빛 속에는 예상과 달리 철과 마그네슘과 같은 무거운 금속 성분의 흔적이 거의 보이지 않았습니다. 대신 압도적으로 많은 수소와 헬륨의 흔적이 보였습니다. 실제로 헬륨이라는 원소의 이름 자체가 태양에 가장 흔하게 발견된다고 해서 지어진 이름입니다. 그리스 태양신인 헬리오스^{Helios}에서 이름을 따왔죠.

태양은 지구와 달리 훨씬 가벼운 수소와 헬륨과 같은 기체 분자만으로 이루어진 가스 덩어리였습니다. 그렇다면 대체 어떻게 이 가벼운 가스 덩어리만으로 수천수만에 달하는 끔찍한 온도로 끓어오를 수 있는 걸까요? 그 비밀은 태양의 중심에 있습니다. 태양은 매우 거대하고 무겁습니다. 일찍이 거대하게 퍼져 있던 가스 구름이 중력 수축으로 반죽되면서 지금의 태양이 만들어졌습니다. 가스 구름이 수축하면서 크기는 줄어들었고, 사방에 퍼져 있던 에너지가 중심에 밀집되었죠. 그래서 가스 구름이 수축하는 동안 가스 구름의 중심은 밀도가 높아지고 온도가 뜨거워졌습니다.

모든 원자는 중심에 +극을 띠는 원자핵을 품습니다. 모든 원자핵이 +극을 띠기 때문에 평소라면 서로 밀어내기만 합니다. 자석의 같은 극이 서로 밀어내는 것과 같습니다. 이처럼 평화로운 상황에서 원자핵은 서로 붙어 있고 싶어 하지 않는, 쑥스러움이 많은 녀석들입니다. 그런데 별의 중심에서 원자핵의 성격을 뒤집는 상황이 벌어집니다. 매우 뜨거운 온도와 높은 밀도로 원자핵이 짓이겨지기 때문입니다. 우선 밀도가 높아지면서 원자핵이 서로 부딪히는 일이 빈번해집니다. 게다가 온도가 너무 뜨거워 원자핵이 서로 부딪히는 속도도 매우 빠릅니다. 기존대로라면 원자핵은 전기적으로 같은 극이기 때문에 서로 아주 강한 힘으로 밀어내야 합니다. 그런데 워낙 빠른 속도로 서로를 향해 돌진하는 일이 잦아지면서 서로를 밀어내는 힘을 이겨내고, 결국 하나로 합체하는 일이 벌어지기 시작합니다. 그 결과, 따로 놀던 작고 가벼웠던 원자핵들이 더 무겁고 덩치 큰 원자핵으로 반죽됩니다. 이러한 과정을 원자핵이 융합한다는 뜻에서 '핵융합 반응'이라고 부릅니다.

태양처럼 평범한 별에서 벌어지는 가장 흔한 핵융합 반응은 수소 원자핵 네 개가 모여 헬륨 원자핵 하나를 만드는 반응입니다. 수소 원자핵은 전기적으로 +를 띠는 양성자 하나만으로 이루어졌습니다. 반면 헬륨 원자핵은 양성자 두 개, 전기적으로 중성인 중성자 두 개가 모여 있습니다. 양성자와 중성자는 질량이 거의 비슷합니다. 그래서 수소 원자핵에 해당하는 양성자 네 개가 모여서 반죽되면 양성자 두 개, 중성자 두 개가 모여야 만들어지는 헬륨 원자핵 하나를 만들 수 있습니다. 이때 전체 질량이 조금 줄어듭니다. 간단하게 말하면, 양성자 네 개의 질량을 합한 것에 비해 헬륨 원자핵 하나의 질량이 조금 가벼운 것이죠. 줄어든 질량은 고스란히 에너지로 전환됩니다. 바로 이 과정에서 아인슈타인 하면 떠오르는 가장 유명한 공식, 'E=mc^2'이 적용됩니다. 이 공식은 매우 간단하지만, 질량이 에너지로 전환되는 과정이 얼마나 무시무시한지를 적나라하게 보여 줍니다. 질량이 고스란히 에너지로 바뀐다면 그 전체 에너지의 규모는 질량에 무려 광속을 두 번이나 곱한 만큼 됩니다. 이것은 매우 효율적인 에너지원입니다.

덕분에 중력 수축을 하던 태양은 내부에서 뜨거운 온도를 유지하기 시작합니다. 이전까지 오롯이 중력에 의해 자신의 덩치를 줄이고 수축하기만 했던 태양은 이제 중력에 대항해 버틸 수 있는 힘을 얻습니다. 오히려 내부의 높은 온도로 태양 내부가 바깥으로 팽창하고자 하는 반발 압력을 만들어 내기 때문입니다. 태양 내부에서 충분한 핵융합 반응이 돌아가고 내부의 팽창 압력이 태양 자체의 중력에 저항할 수 있을 정도로 충분히 강해지면, 더는 태양이 수축도 팽창도 하지 않습니다. 계속 일정한 크기를 유지하면서 밝게 빛나게 되는 것이죠. 천문학에서는 바로 이 순간부터 진정한 별이 되었다고 정의합니다. 그리고 이렇게 안정된 상태에 이른 경지를, 역학적으로 멈춘 평형 상태라는 뜻에서 '정역학 평형 Hydrostatic equilibrium'이라고 부릅니다. 따라서 천문학적으로 진정한 별이 되기 위해서는 크게 두 가지 조건을 만족해야 합니다. 첫 번째는 핵융합 반응을 통해 스스로 빛을 낼 수 있어야 하고, 두 번째는 그렇게 만들어진 압력으로 중력을 버티면서 일정한 크기를 유지하는 정역학 평형의 경지에 이르러야 합니다.

여기서 흥미로운 점은 태양이 한꺼번에 화르르 불타지 않는다는 점입니다. 그 이유는 핵융합 반응이 가능하려면 충분히 높은 밀도와 온도 조건이 필요하기 때문입니다. 그래서 태양이 거대하지만, 실질적으로 핵융합 반응의 재료가 될 수 있는 수소는 태양의 깊은 중심 일부뿐입니다. 전체 부피로 보면 태양 전체 부피의 겨우 1%밖에 안 됩니다. 상당히 비좁은 일부에 불과한 수소가 태양이 오랫동안 빛을 낼 수 있는 핵융합 반응의 연료 전부입니다. 부피를 보면 1%밖에 안 되지만 질량으로 보면 그 비율이 상당합니다. 중심의 부피 1%밖에 안 되는 이 수소 핵의 질량은 태양 전체 질량의 대략 30%를 차지합니다. 이 점에서 알 수 있듯이, 태양 중심은 매우 높은 밀도로 뭉쳐 있습니다.

겉으로 보기에 태양은 캠핑장에서 피우는 모닥불처럼 활활 타오르는 불꽃이 모여 있는 것처럼 보입니다. 하지만 사실 엄밀하게 말하면 태양은 불타는 게 아닙니다. 태양은 단지 뜨겁게 달궈진 상태고, 그 온도에 해당하는 에너지가 사방으로 새어 나갈 뿐입니다. 태양이 밝게 빛나는 모습은 연소가 아니라 흑체 복사입니다. 우리가 일반적으로 생각하는 불이 붙기 위해서는 산소가 필요하죠. 하지만 우주 공간에는 산소가 없고, 태양에도 산소는 별로 없습니다. 로켓 연료도 한꺼번에 화르르 태우면서 강한 추력을 만들기 위해 별도의 산화제를 함께 싣고 올라갑니다. 만약 태양에 많은 양의 산화제를 들이부으면 태양도 순식간에 폭발하듯 화르르 불타게 될지도 모릅니다. 다행히 태양이 갑자기 폭발할 일은 없지만, 한때 목성이 화르르 불탈지 모른다면서 천문학자들이 걱정했던 적이 있습니다. 이 사건이 흥미로운 이유는, 그 원인이 바로 인간의 실수 때문일 뻔했기 때문입니다.

2003년, 8년간 목성 곁을 맴돌며 목성의 세밀한 모습을 관측했던 갈릴레오 탐사선의 미션이 끝났습니다. 이때 갈릴레오 탐사선을 어떻게 버려야 할지를 두고 치열한 논쟁이 있었습니다. 원래 천문학자들은 목성 곁을 맴도는 얼음 위성 중 하나를 골라 그 표면에 탐사선을 추락시킬 생각이었습니다. 얼음 위성은 천문학적으로 매우 가치가 높은 곳이고, 위성의 두꺼운 얼음 표면 아래에 지구처럼 거대한 액체 바다가 존재할지 모릅니다. 어쩌면 생명체의 흔적도 존재할 수 있죠. 그런데 갈릴레오 탐사선에 지구의 박테리아가 이미 묻어 있는 채로 우주에 갔을지 모릅니다. 만약 무턱대고 갈릴레오 탐사선을 목성의 얼음 위성에 추락시킨다면 의도치 않게 지구의 박테리아로 목성의 위성을 오염시키게 됩니다. 만약 먼 미래에 목성의 얼음 위성에서 새로운 탐사를 하게 되었을 때 그곳에서 박테리아의 흔적이 발견되더라도 그것이 정말 순수한 외계 생명체인지, 아니면 오래전 탐사선이 추락하면서 남긴 지구 생명체의 흔적인지를 알 길이 없어집니다. 그래서 장기적으로 생각해 미래의 탐사 후보지를 최대한 깨끗하게 보존하고자 얼음 위성에 추락시키지 않기로 결정했습니다.

그 대신 목성의 두꺼운 구름 속에 다이빙을 시킬 생각이었습니다. 다만 일부 천문학자들이 매우 우려 깊은 목소리를 내기 시작했습니다. 목성은 하나의 거대한 수소 가스 구름 덩어리입니다. 그런데 갈릴레오 탐사선은 당시 최신 기술이었던 핵연료를 싣고 있었습니다. 만약 목성의 구름 속에 갈릴레오 탐사선이 품던 핵연료가 노출되고 순식간에 핵반응이 벌어지기 시작한다면 어떨까요? 당시 천문학자들은 마치 수소 폭탄이 터지듯 연쇄 반응이 걷잡을 수 없이 벌어지면서 목성에 불이 붙을지 모른다고 생각했던 것입니다. 약간의 과장을 보태자면 인간의 실수로 목성이 두 번째 태양이 될지 모른다고 생각했던 것이죠. 이 논의는 꽤 진지했습니다. 깨끗한 얼음 위성의 환경을 오염시키는 길을 선택해야 할지, 아니면 얼음 위성의 순수함을 지켜 내기 위해 지구의 하늘 위에 두 개의 태양이 떠오를지 모르는 위험을 감수해야 할지를 두고 깊이 고민했습니다. 하지만 결국 대부분의 천문학자는 탐사선에 실려 있는 핵연료의 양이 너무 미미해 목성이 통째로 연쇄 반응을 일으키며 하나의 거대한 수소 폭탄이 될 가능성은 없다고 판단했습니다. 그리고 예정대로 갈릴레오 탐사선은 목성의 구름 속으로 추락했습니다. 다행히 목성은 별다른 일이 일어나지 않았고, 지금까지도 큰 문제 없이 평화롭게 자리를 지키고 있습니다.

태양이 죽으면 어떻게 될까?

태양은 영원히 빛나지 않습니다. 태양도 평범한 별이니까요. 모든 별은 언젠가 죽습니다. 별이 품고 있는 연료가 고갈되고 핵융합 반응의 불씨가 꺼지고 나면, 별은 최후를 맞이합니다. 운 좋게 지구가 우주에서 일어나는 모든 재난을 피하게 되더라도 태양의 죽음은 피할 수 없습니다. 천문학적으로 가장 확실하게 이야기할 수 있는 지구의 운명 중 하나는 태양이 빛을 잃고 지구가 함께 사라지는 미래입니다. 다행히 당장은 걱정할 필요는 없습니다. 앞으로 한 50억 년 후에나 벌어질 일이니까요. 그때까지 인류가 죽지 않고 지구에 잘 버티고 살지는 모르겠지만, 만약 그렇다면 부디 우리의 먼 후손들이 알아서 해답

별과 행성

을 찾아내기를 바랄 뿐입니다.

　그렇다면 태양의 죽음은 지구에 어떤 영향을 끼치게 될까요? 태양은 깊은 중심에서부터 서서히 연료가 고갈됩니다. 중심에는 수소 원자핵을 뭉쳐서 만든 헬륨 원자핵이 하나둘 쌓여 갑니다. 헬륨 원자핵은 수소에 비해 더 무겁습니다. 그래서 헬륨 원자핵을 다시 반죽해서 에너지를 만들기 위해서는 수소를 땔감으로 사용할 때보다 더 많은 에너지가 필요합니다. 현재 태양 중심의 온도만으로는 부족합니다. 결국 태양 중심에 당장 태울 수 없는 헬륨 원자핵 찌꺼기가 차곡차곡 쌓여 가고, 태울 수 있는 수소 원자핵 연료들이 고갈되어 갈 것입니다. 어느 순간 태양 중심에 지나치게 많은 헬륨 원자핵 찌꺼기가 쌓이게 되면, 비로소 태양은 빛을 잃기 시작합니다. 태양 중심에서 핵융합 엔진이 작동하지 않는 것이죠.

　핵융합이 멈춘 별에서 어떤 일이 벌어질지를 이해하려면, 핵융합이 잘 작동할 때 별이 왜 평화롭게 빛날 수 있었는지를 다시 이해할 필요가 있습니다. 앞서 말했듯 별이 되기 위한 조건 중 하나는 정역학 평형입니다. 별 자체를 붕괴시키려고 하는 육중한 중력과 별을 바깥으로 팽창시키려고 하는 내부의 뜨거운 열에 의한 압력이 서로 균형을 유지해야 합니다. 그런데 핵융합 반응이 멈추는 순간, 그 균형은 깨집니다. 별의 내부는 뜨거운 온도를 유지하지 못하고, 별을 바깥으로 팽창시키려고 하는 압력도 사라지죠. 다시 남은 건 하나, 별을 수축시키려는 중력뿐입니다. 결국 별은 순식간에 다시 붕괴하기 시작합니다. 특히 별의 내부, 중심부가 빠르게 붕괴합니다.

여기서 한 차례 더 재미있는 일이 벌어집니다. 별 중심부가 수축하면서 별 내부 전역에 퍼져 있던 에너지가 한데 집중되고 다시 한번 별의 핵을 감싸던 외곽 층의 온도가 뜨거워집니다. 앞서 첫 번째 핵융합에서 고갈된 재료는 모두 태양의 정중앙에 있었습니다. 중심을 에워싼 그 주변의 외곽 층에는 아직 미처 태우지 못한 수소 연료가 한가득 쌓여 있습니다. 다만 원래는 별의 중심 온도만 충분히 높아서 중심의 수소만 연료로 쓰였고, 외곽 층의 수소는 온도가 충분히 뜨겁지 못해 아직 연료로 쓰이지 못한 채 그대로 방치되었을 뿐입니다. 그런데 한 차례 태양의 중심부가 붕괴하면서 그 주변을 에워싼 외곽 층의 온도가 뜨겁게 달궈집니다. 기존에 핵융합 재료로 쓰이지 못했던 외곽 층의 수소들이 뜨겁게 달궈지면서, 두 번째 핵융합의 재료로 쓰이기 시작합니다.

기존의 핵융합에 쓰였던 수소는 기껏해야 태양 전체 부피의 1%밖에 안 되는 재료였습니다. 그런데 두 번째로 타오른 태양 외곽 층의 수소들은 별의 핵을 감싸는 더 거대한 부피를 차지합니다. 당연히 더 많은 양의 수소가 한꺼번에 핵융합 재료로 쓰이게 되고, 더 많은 에너지를 만들어 냅니다. 이번에는 반대로 태양 외곽 층에서 만들어지는 팽창 압력이 태양의 중력을 압도해 버립니다. 훨씬 거센 압력으로 태양의 외곽 층을 빠르게 밀어내면서 태양은 더 거대하게 부풉니다. 별이 지나치게 부풀면서 표면 온도는 조금 미지근해집니다. 미지근한 별은 붉게 빛납니다. 붉게 빛나고 동시에 몹시 거대한 별, 적색 거성 단계에 이릅니다.

태양 정도의 질량을 품은 별들은 보통 약 100억 년간의 삶을 살아갑니다. 현재 태양의 나이가 대략 50억 년이므로 태양은 자신에게 주어진 전체 수명의 약 절반을 살고 있다고 볼 수 있습니다. 이미 태양은 조금씩 적색 거성 단계에 접어들면서 크기를 키우는 중입니다. 현재 태양은 해마다 수 cm 정도의 지름이 더 커지고 있습니다. 초반에는 천천히 팽창하지만, 점차 진화 막바지에 이르면서 마지막 500만 년 사이에는 매우 빠르게 팽창하죠. 천문학자들은 태양이 죽기 직전, 현재 크기의 최대 250배까지 팽창할 것이라 추정합니다. 이 정도면 태양이 지구와 화성 궤도 사이까지 커지게 되죠. 이미 수성과 금성, 그리고 지구까지 거대하게 부푼 태양 표면 속에 집어삼켜졌을 것입니다.

하지만 지구가 살아남을 가능성도 있습니다. 태양이 팽창하는 동안 워낙 불안정한 시기를 겪기 때문에 태양은 수시로 우주 공간에 자신의 물질을 토해 내는 질량 손실을 겪습니다. 그러면서 태양은 전체 질량의 약 30%까지 잃어버리게 됩니다. 태양의 질량이 감소한다는 것은 곧 지구를 붙잡는 태양의 중력이 약해진다는 것을 의미합니다. 지구는 계속 같은 속도로 궤도를 돌지만, 태양이 지구를 붙잡는 힘이 느슨해지면 지구는 지금보다 더 바깥 궤도로 도망갈 수 있습니다. 태양이 가벼워지면서 태양과 지구 사이 거리가 조금씩 멀어지는 것입니다. 그래서 운이 좋다면 태양이 지금보다 200배 넘게 부풀더라도 지구가 그사이 뒤로 물러나면서 태양 표면에 잡아먹히는 끔찍한 최후는 피할 수 있을지 모릅니다. 물론 이미 지구의 하늘에는 거대한 태양이 이글이글 타고 있겠지만 말이죠.

또 다른 요인도 고려해야 합니다. 태양이 사방으로 방출한 물질은 차가운 우주 공간에서 빠르게 먼지구름이 되어 굳어 버립니다. 지구를 비롯한 행성이 맴도는 궤도 곳곳에 퍼지게 되죠. 이러한 먼지구름은 행성의 움직임을 방해할 수 있습니다. 그래서 이번에는 반대로 태양 주변을 맴도는 지구의 속도가 조금씩 느려지고, 결국 에너지를 잃은 지구가 다시 태양 쪽으로 끌려갈 수도 있습니다. 태양은 분명 적색 거성이 되어 사라지겠지만, 그 모습을 곁에서 지켜보는 지구의 운명이 어떻게 될지는 쉽게 이야기하기 어렵습니다. 운이 좋으면 지구는 태양에 잡아먹히지 않겠지만 바다와 대기권이 모두 메말라 버린 암석 덩어리가 될 것이고, 운이 조금 더 나쁘다면 지구는 흔적도 없이 태양 속으로 잡아먹힐 것입니다. 운이 좋든 나쁘든 우리에게 끔찍한 결말이란 것은 똑같습니다.

한 가지 희망을 품어 볼 수 있는 가능성이 있습니다. 태양이 거대하게 부풀면서 태양으로부터 적당한 거리를 두고 떨어진 채, 액체로 채워진 바다를 유지할 수 있는 적정 범위가 함께 뒤로 물러납니다. 현재 목성과 토성은 태양에서 먼 거리를 두고 떨어져 있지만, 만약 태양이 훨씬 더 거대하게 변한다면 그때는 목성과 토성이 딱 살기 좋은 환경이 될 수 있습니다. 물론 발 디딜 땅이 없는 기체 덩어리 행성인 목성과 토성 자체에서는 희망을 품기 어렵지만, 그 주변을 맴도는 얼음 위성이라면 기대해 볼 수 있습니다. 위성 표면에 꽁꽁 얼었던 얼음이 서서히 녹으면서 표면이 전부 액체 바다로 채워진 새로운 물의 세계가 완성될지 모릅니다. 만약 우리의 먼 후손들이 그때까지 살아남아 새로운 미래를 도모한다면, 바다가 되어 버린 얼음 위성으로 도망가서 사는 방법이 가능할지도 모르죠.

행성 궤도는 왜 납작할까?

태양 주변을 맴도는 행성은 크게 여덟 개가 있습니다. 가장 안쪽부터 순서대로 수금지화목토천해가 있죠. 명왕성이 빠져서 조금 섭섭하기는 하지만 천문학자들은 이제 명왕성을 행성이 아닌 '왜소 행성'으로 분류합니다. 그런데 '덩치 큰 행성' 여덟 개가 태양 주변을 도는 모습을 보면 흥미로운 사실을 발견할 수 있습니다. 모든 행성이 마치 태양계에 투명하고 거대한 쟁반이라도 있다는 듯이 다 비슷하게 기울어진 궤도를 그립니다. 조금 더 천문학적인 표현을 쓴다면, 모든 행성의 공전 궤도면이 비슷합니다. 단순하게 생각하면 행성들은 한가운데 태양의 중력에 붙잡혀 있을 뿐입니다. 중력은 사방에서 고르게 작용할

별과 행성

95

테니, 굳이 행성들의 궤도가 지금처럼 납작하게 한 평면 위에 놓여 있을 이유는 없습니다. 태양계 행성들은 대체 왜 이런 모습을 갖게 된 걸까요? 이 비밀을 이해하고 나면, 왜 명왕성이 행성이 될 수 없었는지도 이해할 수 있게 됩니다.

행성들이 투명한 쟁반 위에 굴러가는 구슬처럼 행동하는 이유를 알기 위해서는 지금으로부터 50억 년 전 태양계가 처음 만들어지던 순간으로 거슬러 가야 합니다. 오래전 지금의 태양계가 있는 이 자리에 거대한 가스 구름이 있었습니다. 가스 구름 속 입자들은 서로 중력으로 끌어당기며 조금씩 모여들었습니다. 특히 가스 구름 한가운데가 높은 밀도로 반죽되기 시작했고, 더 강한 중력으로 주변의 가스 물질을 모으면서 빠르게 수축했습니다. 이러한 중력 수축으로 가스 구름은 훨씬 밀도 높은 반죽 덩어리가 되었습니다. 그런데 가스 구름은 원래 한쪽 방향으로 천천히 회전하는 성분을 갖고 있습니다. 이것은 매우 자연스러운 일이죠. 오히려 가스 구름이 회전하지 않는 성분을 가졌다는 것이 더 어색하게 느껴집니다. 어색한 이유는 이러한 성분을 가지려면 가스 구름을 이루는 모든 입자가 완벽하게 무작위로 떠돌아야 하고, 모든 입자의 움직임을 평균으로 계산했을 때 그 어떤 방향으로도 회전하지 않는 완벽한 0이 되어야 하기 때문입니다. 하지만 그렇게 되기 쉽지 않습니다. 각각 임의의 방향과 속도로 떠돌던 가스 구름 속 입자들의 움직임을 모두 평균으로 계산하면, 자연스럽게 한쪽 방향으로 천천히 회전하는 듯한 성분이 남을 수밖에 없습니다.

이때 중력 수축으로 가스 구름이 작아지면서 매우 중요한 변화가 발생합니다. 펑퍼짐하게 퍼져 있던 가스 구름이 작아진다는 건 곧 회전하는 반경이 짧아진다는 것을 의미합니다. 가스 구름에서 벌어지는 변화는 정확히 얼음판 위에서 춤을 추는 피겨 스케이팅 선수에게 벌어지는 일과 같습니다. 양쪽으로 넓게 펼치던 팔을 오므리면 피겨 스케이팅 선수는 더 빠르게 회전합니다. 각운동량은 회전하는 물체가 자신의 회전을 얼마나 유지하고 싶어 하는지를 나타냅니다. 모든 회전하는 물체는 각운동량을 유지하려고 하죠. 각운동량은 회전 반경이 길어질수록, 또 회전 속도가 빨라질수록 커집니다. 그런데 팔을 오므리면서 회전 반경이 짧아지면 전체 각운동량을 유지하기 위해 회전 속도가 자연스럽게 빨라집니다. 똑같은 일이 중력 수축하는 가스 구름에서도 벌어집니다. 가스 구름이 수축하면서 회전 반경은 짧아지고, 기존의 각운동량을 유지하기 위해 전체 회전 속도는 빨라집니다. 피겨 스케이팅 선수는 누구보다 가스 구름의 마음을 잘 이해하고 있을 겁니다.

매우 빠른 속도로 회전을 시작한 가스 구름은 이제 단순히 중력에만 의지하지 않습니다. 여전히 중력은 가스 구름을 사방에서 끌어당기며 둥글게 반죽하려고 하지만, 동시에 빠른 회전 속도로 인한 효과가 함께 일어나면서 가스 구름 반죽은 납작한 원반 모양으로 만들어지기 시작합니다. 이번에는 피자 도우를 만드는 주방으로 가면 이해하기 쉽습니다. 반죽을 그저 뭉치면 동그란 반죽이 만들어지지만, 빠르게 회전하면 도우가 납작한 원반 모양으로 펴집니다. 빠르게 회전하는 가스 구름은 회전축 바깥으로 다시 퍼지려고 하는 일종의 원심력을 동시에 느낍니다. 이처럼 중력으로 인한 수축과, 동시에 더 빨라진 회전으로 인한 효과가 함께 일어나면서 가스 구름은 납작한 먼지 원반으로 모여듭니다.

지금으로부터 약 50억 년 전, 먼지 원반의 한가운데에서 태양이 태어났습니다. 가장 높은 밀도로 먼지가 반죽되며 내부의 온도가 충분히 뜨거워지고 스스로 빛을 낼 수 있는 별이 되었죠. 하지만 태양을 만들고 남은 나머지 재료들이 아직 주변에 남아 있습니다. 그리고 이들은 모두 먼지 원반을 이룹니다. 이렇게 갓 태어난 어린 별 주변에 만들어지는 먼지 원반을 '원시 행성 원반'이라고 합니다. 별 곁에 남은 먼지 원반의 입자들이 다시 하나둘 서로의 중력에 이끌려 반죽되고 덩치를 키우면서 그 곁을 맴도는 행성으로 만들어집니다. 현재 태양 곁을 맴도는 모든 행성이 바로 이렇게 만들어졌습니다. 애초에 행성들은 태어날 때부터 한 방향으로 회전하는 하나의 납작한 먼지 원반 위에서 탄생했습니다. 그렇기 때문에 모든 행성은 마치 투명하고 거대한 쟁반 위에 굴러가는 구슬처럼 모두 비슷한 각도로 기울어진 궤도를 돌게 됩니다.

이러한 특징은 태양계뿐 아니라 중심에 별을 두고 여러 개의 행성이 함께 돌고 있는 거의 모든 행성계에서 동일하게 발견할 수 있습니다. 지극히 일반적인 모습이죠. 이것은 우주의 모든 행성계가 우리가 이해하는 과정을 따라 만들어진다는 것을 보여 줍니다. 최근에는 관측 기술이 좋아지면서 수백 광년 거리에 떨어진 다른 별의 곁을 에워싼 먼지 원반을 직접 확인하는 경우가 많아지는 추세입니다. 대표적으로 어린 별들이 한창 태어나고 있는 것으로 유명한 오리온자리의 오리온 대성운이 있습니다. 제임스 웹 우주 망원경으로 촬영한 사진을 잘 보면, 중간중간 밝게 빛나는 별빛이 마치 짙은 먼지 띠로 가려진 듯한 모습을 볼 수 있습니다. 별을 에워싼 먼지 원반을 옆에서 바라봤기 때문입니다. 그래서 가운데 짙은 패티가 낀 햄버거를 옆에서 바라본 듯한 독특한 모습을 만들어 냅니다.

갓 태어난 어린 별들은 사방으로 밝은 빛을 토해 냅니다. 그런데 별을 에워싼 두꺼운 원시 행성 원반에 가려진 방향에서는 별빛이 잘 보이지 않습니다. 대신 위아래로 뻥 뚫린, 원시 행성 원반에서 수직의 방향으로는 별빛이 더 멀리까지 새어 나갈 수 있습니다. 그 모습을 멀리서 보면 마치 중심의 별이 먼지 원반에서 수직의 위아래 방향으로 길게 에너지를 토해 내는 듯한 모습을 보게 됩니다. 특히 중심의 별이 매우 격렬하다면 그 모습은 더욱 더 장관을 이룹니다. 한가운데 얇게 누워 있는 먼지 원반에서 수직의 방향으로 마치 광선 검이 길게 뻗어 나가듯 빠른 속도로 물질이 뿜어져 나오게 되죠. 이처럼 높은 밀도로 뭉쳐 있는 천체에서 그 회전축을 따라 막대한 에너지와 물질이 방출되는 현상을 '에너지 제트'라고 합니다. 천문학자들은 이러한 천체들을 '허빅-아로 천체'라고 부르기도 합니다. 멕시코 천문학자 길레르모 아로 Guillermo Haro의 이름을 땄죠.

그렇다면 태양 주변을 맴도는 모든 천체가 완벽하게 같은 공전 궤도면 위에서 맴돌까요? 그렇지 않습니다. 명왕성이 대표적입니다. 명왕성은 다른 행성들과 달리 거의 17도 가까운 큰 각도로 공전 궤도가 기울어져 있습니다. 이것은 행성이라기보다 혜성에 가깝습니다. 혜성은 태양계 끝자락에 태양 중력으로 겨우 붙잡혀 있던 작은 얼음 덩어리들이 가끔씩 태양계 안쪽으로 끌려 들어오는 것을 말합니다. 태양에 가까워지면서 얼음이 승화하고 긴 꼬리를 그립니다. 아직 관측으로 확인되지 않았지만 그동안 발견된 혜성들의 궤적을 거꾸로 연장한 결과, 천문학자들은 수많은 얼음 부스러기가 태양계 외곽을 사방에서 둥글게 에워쌌다고 추정합니다. 그리고 여기에 머무르던 부스러기 중 일부 궤도가 틀어지면서 날아오는 게 혜성이라고 생각합니다. 이것을 혜성의 고향, '오르트 구름'이라고 합니다. 그 크기는 태양을 중심으로 반경 1광년 너비까지 펼쳐졌을 것이라 생각하지만, 아직 관측으로 그 구조가 확인되지는 않았습니다. 이처럼 혜성은 사방에서 다양한 각도로 날아올 수 있기 때문에 굳이 다른 행성들처럼 하나의 공전 궤도면을 따라 움직일 필요가 없습니다. 바로 이러한 점에서 명왕성은 오히려 혜성처럼 행동합니다. 이 특징은 1930년에 일찍이 명왕성이 처음 발견되고 궤도를 파악하게 되었을 때부터 큰 문제가 되었습니다. 명왕성은 행성이라고 부르기 민망할 정도로 작고 어두웠을 뿐 아니라, 궤도도 너무 이상했기 때문입니다. 다만 당시에는 명왕성을 따로 부를 만한 별도의 기준이 없어서, 그저 행성으로 불러 주었을 뿐입니다.

명왕성처럼 크게 기울어진 궤도를 그리는 천체들은 애초에 태양계가 처음 만들어질 때 함께 태어난 천체가 아닐 수 있습니다. 태양계가 어느 정도 모양을 갖추고 한참 이후에 외부에서 유입된 천체라면 크게 기울어진 궤도를 자연스럽게 설명할 수 있습니다. 비슷한 특징은 행성 주변을 맴도는 위성들의 궤도에서도 볼 수 있습니다. 우리 지구는 주변에 달 하나밖에 없지만, 목성과 토성처럼 훨씬 거대한 행성들은 주변에 더 많은 위성을 거느립니다. 태양 곁을 맴도는 행성들과 마찬가지로 덩치 큰 행성 곁을 맴도는 위성들도 대부분 비슷한 공전 궤도면을 공유합니다. 그런데 일부 크게 기울어진 궤도를 그리거나, 심지어 대세를 거슬러 거꾸로 역주행하는 위성들도 있습니다. 천문학자들은 이러한 위성들은 행성이 처음 반죽될 때 함께 태어난 것이 아니라, 추후 외부에서 행성의 중력에 붙잡힌 위성이라고 추정합니다.

태양계 행성들이 모두 비슷한 공전 궤도면 위에서 돌다 보니, 지구의 밤하늘에서 태양과 행성 모두 비슷한 경로를 따라 움직이는 것처럼 보이게 됩니다. 지구의 하늘에서 노란 태양이 지나가는 길이란 뜻에서 이 경로를 '황도'라고 부릅니다. 아마 별자리 운세를 좋아하는 사람이라면, 황도라는 단어가 익숙할지 모릅니다. 황도 12궁은 지구의 밤하늘에서 태양이 지나가는 황도에 걸쳐 있는 별자리 12개라는 뜻입니다.

앞서 설명했듯, 행성 모두 지구와 비슷한 공전 궤도면을 따라 맴돌기 때문에 지구에서 봤을 때 다른 모든 행성은 태양과 함께 황도를 따라 움직이는 것처럼 보입니다. 그래서 가끔 운이 좋으면 매우 특별한 장관을 볼 수 있습니다. 태양을 따라 다른 행성들이 일렬로 쭉 줄지어 움직이는 듯한 모습이죠. 수금화목토천해, 발밑 지구를 제외한 하늘에서 볼 수 있는 모든 태양계 행성이 동쪽 지평선에서부터 서쪽 지평선까지 일렬로 쭉 줄지어 떠오르고 저무는 장면을 볼 수 있습니다. 마치 그 모습은 황도를 따라 이어진 기다란 꼬챙이에 행성을 줄줄이 꽂아서 만든 '우주 탕후루'처럼 느껴집니다. 이 멋진 모습을 '행성의 대정렬'이라고 합니다.

흔히 행성의 대정렬이라고 하면, 실제로 우주 공간에서 태양계 행성들이 완벽하게 일렬로 쭉 줄지어 배열된 것이라 착각하는 경우가 있습니다. 하지만 그렇지 않습니다. 만약 태양계 행성들이 실제 우주 공간에서 일렬로 쭉 줄지어 있다면, 지구의 하늘에서 본 행성들은 모두 한 점으로 겹쳐 보여야 합니다. 행성의 대정렬은 단지 지구의 하늘에서 봤을 때 행성들이 줄줄이 기차놀이를 하듯 쭉 이어져 보이는 것을 말합니다. 이 현상은 가끔 찾아오기는 하지만 꽤 드문 기회입니다. 꼭 기회를 놓치지 않고 밤하늘에서 줄지어 떠오르고 저무는 태양계 행성들의 모습을 보기를 바랍니다.

소행성 충돌로부터
지구를 지킬 수 있을까?

지구를 향해 거대한 소행성이 날아오면서 종말을 맞이하는 이야기는 우주 재난 SF에서 빠지지 않는 단골 소재입니다. 다행히 행성 전체에 끔찍한 피해를 줄 정도로 위험한 충돌은 수십만 년에서 수백만 년에 한 번 꼴로 벌어집니다. 하지만 분명지구의 역사에서도 소행성의 충돌은 여러 번 벌어진 적이 있습니다. 우리도 마냥 안심할 수는 없죠. 그나마 우리가 공룡과 다른 점이 있다면, 매일 쉬지 않고 지구 주변의 우주를 감시한다는 것입니다. 전 세계 전역에 설치된 모니터링 망원경으로 머지않아 지구에 피해를 줄 가능성이 있는 잠재적 위험을 품은 근접 소천체를 미리 찾고자 노력하고 있습니다. 이러한 소행성을 '잠재적인 위험 소행성 Potentially Hazardous Asteroid, PHA'이라고 부릅니다.

만약 거대한 소행성이 지구 앞에 등장한다면, 과연 인류는 살아남을 수 있을까요? 영화에서처럼 미국이 어떻게든 우리를 구해 줄 거라 안심해도 될까요? 다행히도 이미 인류는 오래전부터 소행성 충돌의 가능성을 염두하고 다양한 전략을 준비했습니다. 그리고 최근에는 실제 우주에서 지구를 방어하는 훈련을 진행하기도 했습니다. 우리가 모르는 사이에 지구가 사라질 뻔 했던 것이 아닐까 걱정할 필요 없습니다. 당시의 실험은 멀쩡히 잘 살던 소행성 중 하나를 타깃으로 골라, 인류가 세워 놓은 지구 방어 전략이 쓸만한지를 테스트하기 위한 실험이었으니까요.

지구에 거대한 운석이 충돌하는 재난을 다루는 대표적인 영화 〈아마겟돈〉이나 〈딥 임팩트〉를 보면, 우주선을 타고 직접 소행성과 혜성까지 날아가 핵폭탄을 심어 두거나 미사일로 파괴하는 방식을 시도합니다. 얼핏 생각하면 가장 좋은 방법이라고 생각할지 모릅니다. 하지만 실제로 과학자들이 가장 선호하지 않는 방법입니다. 오히려 더 위험할 수도 있습니다. 거대한 하나의 소행성이었을 때는 하나만 생각하면 되는 간단한 문제였지만, 미사일로 격추해 버리면 너무나 많은 작은 파편으로 쪼개지면서 상황이 더 복잡해질 수 있기 때문이죠. 물론 크기가 작아진 운석의 위력은 훨씬 약해지겠지만, 그럼에도 비교적 큰 조각이 인구가 밀집한 도심 지역에 추락하게 된다면 인명 피해가 발생할 수밖에 없습니다. 그래서 천문학자들은 더욱 침착하고 안전한 다른 전략을 시도합니다. 소행성을 향해 탐사선을 빠르게 날려 보내서 직접 충돌시키는 것입니다. 이것은 마치 당구를 치는 것과 비슷합니다. 탐사선은 소행성에 비해 훨씬 작지만, 충분히 빠른 속도로 충돌시킬 수 있다면 소행성의 속도에 변화를 줄 수 있습니다. 조금만 방향을 틀어도 아슬아슬하게 지구와의 충돌을 막을 수 있는 것이죠. 예상치 못한 많은 파편이 사방으로 날아가는 위험성을 감수할 필요가 없기 때문에 훨씬 체계적이고 안전한 전략이라 할 수 있습니다. 실제로 지난 2022년 9월 26일, NASA는 소행성에 탐사선을 충돌시켜서 유의미한 속도의 변화를 줄 수 있는지를 테스트하는 미션을 진행했습니다. 미션의 이름이 재미있는데요, 전체 이름은 '이중 소행성 방향 제어 테스트Double Asteroid Redirection Test'입니다. 약자로 줄여서 'DART'라고 부릅니다. 다트를 쏘듯이 소행성을 탐사선으로 정확히 조준해서 맞추겠다는 의지가 담겼죠.

DART 미션이 노린 타깃은 화성 궤도 안팎을 넘나들며 타원 궤도를 도는 소행성입니다. 이곳은 소행성 하나가 아니라,

크고 작은 두 개의 소행성이 함께 중력으로 붙잡혀 서로의 곁을 맴도는 이중 소행성입니다. 중심에는 조금 더 큰 '디디모스^{Didymos}'라는 이름의 소행성이 있고, 그 주변에 더 작은 '디모르포x는 이름의 소행성이 마치 위성처럼 그 곁을 맴돕니다. 디모르포스는 디디모스에 비해 질량이 100분의 1 정도로 훨씬 가볍습니다. 탐사선을 들이박아서 방향을 트는 시도를 했던 DART 미션의 타깃이 바로 이 가벼운 디모르포스입니다. 이 미션에서 약 0.5t 정도의 작은 탐사선이 초속 6.6km로 빠르게 디모르포스를 향해 돌진했습니다. 디모르포스가 움직이는 방향의 정반대 방향으로 정면 충돌하면서 속도를 늦추는 시도를 한 것이죠. 탐사선이 소행성 표면에 부딪히고 섬광이 번쩍하면서 파편이 뿜어져 나오는 장면이 생생하게 포착되었습니다. 충돌은 성공적이었습니다. 그렇다면 정말 탐사선의 희생으로 소행성의 궤도를 트는 것이 가능했을까요? 놀랍게도 소행성의 궤도가 줄어들었습니다!

디디모스 주변의 더 작은 디모르포스는 태양 빛을 반사하면서 궤도를 돕니다. 그래서 이중 소행성 전체에 태양 빛이 비춰지는 면적이 주기적으로 늘어나고 줄어드는 것을 반복합니다. 디디모스와 디모르포스의 표면에 넓게 태양 빛이 비춰질 때는 지구에서 소행성의 전체 밝기가 더 밝게 보입니다. 반면 디모르포스가 디디모스 뒤에 숨어서 잠시 보이지 않게 되면, 지구에서 봤을 때 소행성의 전체 밝기는 조금 어둡게 보입니다. 디모르포스의 움직임은 매우 규칙적이기 때문에 지구에서 보게 되는 이중 소행성 전체의 밝기 변화도 일정한 주기로 반복됩니다. 이것은 크기가 다른 두 별이 서로의 곁을 맴돌면서 한 별이 다른 한 별을 가릴 때 밝기가 변하는 식쌍성(서로 가리는 현상이 나타나 밝기가 변하는 별)과 같은 원리입니다. 천문학자들은 지상 망원경으로 디디모스와 디모르포스, 이중 소행성 전체의 주기적인 밝기 변화를 모니터링하며 탐사선이 들이박기 전과 후의 주기가 어떻게 달라졌는지를 확인했습니다. 기존의 디모르포스는 약 11시간 55분 주기로 맴돌았습니다. 그런데 DART 미션으로 탐사선의 충돌이 성공한 이후, 확연한 변화가 확인되었습니다. 데이터에 따르면 이중 소행성의 밝기 변화 주기는 약 30분이 줄어든 11시간 23분으로 변했습니다. 실제로 디모르포스가 디디모스 곁을 맴도는 데 걸리는 공전 주기가 30분이나 줄었다는 뜻입니다. 탐사선이 디모르포스에 정면으로 충돌했고, 속도가 줄면서 궤도가 줄어들었을 것이죠. 작은 탐사선의 충돌 한 번만으로 우주 공간에 떠 있는 거대한 돌멩이의 속도가 달라진 것입니다.

그런데 이번 리허설로 천문학자들은 미처 파악하지 못했

던 중요한 문제를 발견했습니다. DART 미션에서 소행성의 궤도가 변한 이유는 단순히 빠르게 충돌한 탐사선의 충돌 자체 때문만이 아닙니다. 그 외에 또 다른 효과가 섞여 있습니다. 탐사선이 소행성 표면에 돌진하고 부딪친 순간, 많은 먼지 파편이 우주 공간으로 뿜어져 나왔습니다. 그리고 이때 분출된 먼지 기둥이 소행성의 속도에 또 다른 변화를 주었습니다. 마치 로켓이 연료를 분사하면서 속도가 변하는 것과 비슷한 원리입니다. 이 먼지 기둥에 의해 소행성의 운동량이 추가로 얼마나 더 변했는지를 정확히 파악해야 더 정밀한 지구 방어 전략을 짤 수 있습니다. 순수하게 탐사선의 충돌만으로 소행성에 얼마나 큰 변화를 줄 수 있는지, 또 소행성의 궤도를 변화시키는 과정에서 분출된 먼지 기둥의 역할은 어느 정도로 중요한지를 알아야 합니다.

DART 미션 자체는 꽤 성공적입니다. 하지만 이번 첫 리허설의 작은 성공을 보고, 인류가 완벽하게 스스로를 방어할 수 있는 기술을 터득했다고 안심하기는 어렵습니다. 똑같은 탐사선을 똑같은 속도로 충돌시켜도 소행성의 암석이 얼마나 단단하며 잘 부서지는지에 따라 결과가 달라질 수 있기 때문입니다. 결국 지구의 운명은 얼마나 일찍 소행성을 미리 발견하는지, 그리고 그 소행성의 정확한 구성 물질을 얼마나 빠르게 파악하는지에 달렸다고 볼 수 있습니다. 무턱대고 소행성을 향해 탐사선을 들이받는 게 해답이 되지 못하는 것이죠. 소행성의 밀도, 암석의 구성 물질에 따른 맞춤형 전략을 짜야 합니다. 현실적으로 보면 꽤 우스꽝스러운 상황이 벌어질 수도 있습니다. 1분 1초가 급박한 지구의 종말을 앞둔 상황에서 배부르게 소행성이 어떤 암석으로 이루어졌는지 지질학적인 탐사나 진행하는 상황이 벌어질 수 있을 테니까요.

특히 디모르포스를 타깃으로 진행했던 DART 미션의 리허설은 처음부터 성공이 보장된 연습이었다는 비판을 피하기 어렵습니다. 디모르포스는 홀로 태양을 중심으로 우주 공간을 떠도는 소행성이 아닙니다. 디디모스라는 다른 소행성 곁을 아주 작은 크기의 궤도로 맴돌죠. 그래서 디모르포스의 공전 주기는 굳이 오랜 시간 관측하지 않아도 비교적 빠르고 저렴하게 파악할 수 있습니다. 게다가 훨씬 작은 궤도를 돌기 때문에 디모르포스의 운동량은 그리 크지 않고, 궤도를 변화시키기 위해 필요한 최소한의 운동량도 크지 않습니다. 충분히 지금의 기술만으로도 소행성의 공전 주기에 변화를 줄 수 있는 것이죠. 하지만 실제로 지구를 위협하는 소행성들은 대부분 홀로 태양을 중심으로 더 거대한 궤도를 빠르게 움직이는 경우가 많습니다. 이러한 소행성들은 더 큰 운동량을 갖기 쉽고, 아무리 탐사선을 들이받아도 속도에 유의미한 변화를 주기 어렵습니다. 디모르포스와 같은 경우는 매우 희귀합니다. 이러한 측면에서 디모르포스의 궤도를 바꾸는 것을 목표로 삼았던 DART 미션은 처음부터 성공이 보장된 미션이었다고 볼 수 있습니다.

지구를 위협하는 소행성을 감시하는 분야에서 영원히 해결할 수 없는 딜레마가 있습니다. 크기가 큰 소행성은 더 밝게 보이기 때문에 조금 더 일찍 미리 발견하고 대비할 수 있지만, 크기가 큰 만큼 위력이 강하고 매우 위험합니다. 따라서 미리 발견하더라도 지구에서 충분히 유의미한 대응을 하기 어려울 수 있습니다. 반대로 크기가 작은 소행성들은 그만큼 위력이 강하지 않지만 너무 어둡게 보여서 미리 발견하기 어렵다는 문제가 있습니다. 자칫 크기가 작은 소행성 중 하나라도 놓치게 되면 지구가 통째로 사라지지는 않을지언정 국지적으로 일부 도시가 사라지는 정도의 피해가 벌어집니다. 결국 소행성이 너무 커도 문제, 너무 작아도 문제가 되는 난감한 딜레마에 빠져 버립니다. 가장 중요한 건 최대한 많은 감시망을 구축해 더 작은 소행성까지 최대한 미리미리 발견하고 대응하는 방법뿐입니다. 아직도 미처 들키지 않은 수많은 위협 천체가 지구 주변에 도사리고 있습니다. 이제 우리의 생존은 우리가 평소에 얼마나 밤하늘을 자주 올려다보며 살아가는지에 따라 달렸죠.

달 주변에도 달이 있을까?

우주의 모든 것은 빙글빙글 돕니다. 지구도 태양을 중심으로 맴돌고, 태양도 우리은하 중심부 주변을 2억 년 주기로 맴돕니다. 은하 가장자리를 별들이 맴돌고 또 그 별 주변에서 행성들이 맴돕니다. 게다가 행성 주변에 위성까지 맴돌죠. 이러한 우주의 모습을 한눈에 바라본다면 멀미가 날 정도로 어지럽게 느껴집니다. 그렇다면 위성 주변에도 더 작은 무언가가 붙잡혀 맴돌 수 있지 않을까요? 예를 들어 지구 주변을 맴도는 달 곁에 더 작은 달이 하나 더 맴도는 것입니다. 지구 곁에 달이 있고, 달 곁에 작은 달이 있고, 또 그 작은 달 주변에 더 작은 달이 있고… 이런 식으로 계속 이어질 수도 있지 않을까요? 재

있게도 천문학자들은 달 곁을 맴도는 더 작은 어린 위성을 '손자 위성'이나 '문문'이라고 부릅니다. 달을 뜻하는 단어 '문'을 두 번 붙인 간단한 이름입니다. 정말 이러한 문문이 존재할 수 있을까요?

행성 주변에 위성이 맴돌려면 두 가지 조건이 필요합니다. 우선 지구 중력에 안정적으로 붙잡혀야 합니다. 그러기 위해서는 위성이 행성에 충분히 가까이 붙어 있어야 하죠. 만약 행성으로부터 위성이 너무 멀리 떨어져 있다면 오히려 태양이 바깥으로 위성을 끌어당기는 중력이 더 강해집니다. 이렇게 중심 행성에 의한 중력이 태양에 의한 중력보다 충분히 강한 한계를 '힐 스피어 Hill sphere'라고 합니다. 힐 스피어 바깥으로 위성이 벗어나면 더는 행성의 중력에 붙잡힌 위성이라고 할 수 없습니다. 태양계 외곽에 있는 목성, 토성, 천왕성, 해왕성처럼 거대한 행성들이 유독 더 많은 개수의 위성을 거느리는 이유가 바로 이것입니다. 단순히 행성 자체의 중력이 강하기 때문만이 아닙니다. 이들은 태양에서 더 멀리 벗어난 덕분에 곁에서 위성을 빼앗아 가려고 하는 태양의 중력으로부터 위성을 지켜내기가 더 쉽습니다. 힐 스피어의 범위가 더 넓어지는 것이죠.

그렇다면 위성이 행성에 바짝 붙어 있기만 하면 될까요? 그렇지도 않습니다. 왜냐하면 위성은 점이 아닌, 부피를 가진 하나의 덩어리이기 때문입니다. 이해하기 쉽도록 지구와 달을 예로 들어 보겠습니다. 우리는 흔히 계산할 때 편하게 하기 위해 지구와 달을 모두 전체 질량이 하나의 점에 뭉친 일종의 점질량으로 간주할 때가 많습니다. 하지만 이것은 계산상의 편의를 위한 가정일 뿐, 실제로 달이 점이지는 않습니다. 엄밀하게 보면 지구를 바라보는 달의 앞쪽은 지구를 등진 달의 뒤쪽보다 지구에 더 가깝습니다. 그래서 달의 앞면은 달의 뒷면보다 지구에 의한 중력을 더 강하게 느낍니다. 이처럼 위치에 따라 조금씩 다른 중력을 느끼는 것을 '차등 중력'이라고 합니다. 달의 입장에서는 지구를 향한 쪽이 지구를 등진 쪽보다 더 강하게 끌려가면서, 마치 양옆으로 찢어지는 듯한 힘을 받게 됩니다. 차등 중력이 너무 강해져 달 자신의 중력으로 버틸 수 없는 지경이 되면 결국 달은 양쪽으로 길게 찢어지고 산산조각 나게 됩니다.

이처럼 달이 자체 중력으로 중심 행성에 의한 차등 중력을 버텨 내고 부서지지 않을 수 있는 한계를 '로슈 한계'라고 합니다. 달이 행성 주변에 형성된 로슈 한계 이내로 지나치게 가까이 접근하면 달은 부서지고 가루가 됩니다. 만약 달이 GPS 인공위성이 맴도는 지구 정지 궤도까지 접근한다면 더는 버티지 못하고 파괴될 것입니다. 그렇게 된다면 지구도 토성처럼 멋진 고리를 두르게 될지도 모르죠. 물론 거기서 끝나는 것이 아니라 수많은 파편이 하늘에서 쏟아지는 끔찍한 종말을 맞이하겠지만요.

로슈 한계는 달이 어떤 물질로 이루어졌는지에 따라서 크게 달라집니다. 행성의 중력뿐 아니라, 달의 밀도도 몹시 중요한 변수입니다. 만약 달이 말캉말캉하게 잘 뭉치지 못하는 물질로 이루어졌다면 약한 차등 중력으로도 빠르게 으스러질 것입니다. 그래서 지구에서 꽤 멀리 떨어졌을 때부터 서서히 찢어지고 파괴됩니다. 반대로 달이 쉽게 부서지지 않는 단단한 물질로 이루어졌다면 지구에 꽤 많이 접근해도 달은 쉽게 파괴되지 않습니다. 달의 밀도가 작을 때는 로슈 한계가 넓어지지만, 달의 밀도가 높을 때는 로슈 한계가 좁아집니다. 따라서 행성 주변에 위성이 안정적으로 존재하기 위해 중심 행성에서 로슈 한계보다 멀리, 힐 스피어보다 가깝게 그 중간 범위에 놓여야 합니다. 너무 가깝지도 멀지도 않은 딱 적정 거리 범위가 정의된다는 이 개념은 외계 생명체를 찾을 때 이야기하는 별 주변의 골디락스 존(생명체 거주 가능 영역)을 떠올리게 합니다. 중심 별에서 적당한 거리를 두고 떨어져야 적당한 별빛을 받으면서 생명체가 안정적으로 살 수 있듯, 중심 행성에서도 거리를 두고 위성이 떨어져야 위성이 큰 문제 없이 있을 수 있습니다. 지금까지 태양계에서 발견된 약 150여 개의 위성 모두 각자 자신이 모시는 행성 주변의 로슈 한계와 힐 스피어 사이에서 머뭅니다.

　이러한 까다로운 조건을 모두 충족해야 하기 때문에 달 주변에 작은 달이 하나 더 존재하는 문문이 존재할 가능성은 그리 높지 않습니다. 달 주변의 로슈 한계와 힐 스피어 사이에 어린 달이 하나 더 있어야 하는데, 그럴 가능성은 매우 낮기 때문입니다. 실제로 태양계에서 이러한 조건을 모두 충족하는 곳은 거의 없습니다. 목성의 경우, 갈릴레이 위성들 중에서 그나마 목성으로부터 가장 멀리 떨어진 칼리스토에서 희망이 있지만, 칼리스토조차 품을 수 있는 문문의 최대 크기는 겨우 20km 정도입니다. 토성 주변에서는 타이탄과 이아페투스 정도의 위성이 문문을 거느릴 가능성이 있고, 천왕성과 해왕성은 아예 불가능합니다.

　문문이 쉽게 발견되지 못하는 이유는 행성 주변에 위성이 만들어지는 과정 자체가 굉장히 난폭했을 것이기 때문입니다. 거대한 행성이 만들어진 다음 그 주변에는 미처 행성을 만드는 데 쓰이지 못하고 남은 먼지 원반이 있었습니다. 어린 태양이 처음 만들어졌을 때 그 주변에 형성되었던 원시 행성 원반의 작은 버전이라고 볼 수 있습니다. 이러한 작은 원반 속에서 크고 작은 충돌이 빈번하게 벌어졌고, 하나둘 덩치를 키우면서 위성이 탄생했습니다. 물론 가끔씩 생뚱맞게 홀로 태양계 공간을 떠돌던 소행성이 포획되어서 위성이 되는 경우도 있지만, 그런 경우는 흔치 않습니다. 지구의 달도 오래전 지구에 벌어졌던 거대한 대충돌의 결과물입니다. 지구 절반 만한 크기의 행성이 지구와 부딪히면서 달이 만들어졌을 텐데, 연약한 문문이 온전히 살아남아 지금껏 달 곁을 맴돌기는 어려웠을 것입니다. 오늘날 대부분의 행성 주변에서 작은 꼬마 위성이 발견되지 않는다는 것은 지금의 태양계가 있기까지 몹시 격렬한 과정을 거쳤다는 것을 보여 주는 증거입니다. 문문의 부재 자체가 태양계 형성 과정에 대한 작은 실마리가 되는 셈입니다.

　일부 천문학자들은 태양계에도 문문이 한때 존재했던 적이 있다고 추정합니다. 대표적으로 토성 주변의 위성 이아페투스lapetus가 있습니다. 카시니 탐사선으로 촬영한 이아페투스의 모습은 참 오묘합니다. 위성 한가운데 적도를 따라 기다란 산맥이 작게 솟아 있습니다. 얼핏 보면 반구 모양의 금속 바구니 두 개를 용접해 붙여 놓은 것처럼 느껴집니다. 천문학자들은 시뮬레이션으로 이아페투스의 독특한 지형을 재현했습니다. 가장 유력한 시나리오에 따르면 두 개의 소행성이 정면으로 충돌하면서 이아페투스로 반죽되었고, 충돌 직후 사방에 퍼

별과 행성

진 파편들 중 일부가 한때 그 곁을 맴도는 문문으로 존재했을 가능성이 있습니다. 그랬던 문문 파편들이 시간이 지나며 이아페투스 적도에 떨어졌고, 지금의 뚜렷한 산맥을 이루었다고 추정합니다. 이 시나리오가 사실이라면, 흥미롭게도 토성은 자신도 고리를 거느리고 주변의 위성들도 고리를 거느리던 시절을 보냈을 것입니다.

결국 달 주변에 또 다른 작은 위성, 일명 문문이 존재할 수 있을까라는 질문의 답은 '가능하다'고 정리할 수 있습니다. 다만 현실적으로 대부분의 행성과 위성이 매우 격렬한 과정으로 만들어지기 때문에 문문이 실제로 존재하거나 발견될 가능성이 낮을 뿐입니다. 사실 기준을 조금 너그럽게 낮춘다면, 우리는 이미 달 주변을 돌고 있는 문문을 찾을 수 있습니다. 인류는 수십 년 전부터 달 주변에 인공적인 문문을 보내 왔으니까요. 1960~1970년대 사이 진행된 아폴로 미션 당시 달 주변을 맴돌았던 사령선 모듈, 또 최근의 아르테미스 미션을 비롯해 계속해서 달 곁에 머무르며 탐사를 하는 여러 궤도선 모두 달 중력에 붙잡혀 그 주변을 맴도는 일종의 인공적인 문문이라고 볼 수 있습니다. 게다가 NASA는 아르테미스 미션으로 아예 달 주변에 우주인이 상주할 수 있는 새로운 우주 정거장을 올리는 계획을 추진하는 중입니다. '루나 게이트웨이Lunar

Gateway'라 불리는 이 계획은 앞으로 화성처럼 더 먼 우주로 나아가기 위한 중간 기점으로 활용할 예정입니다. 머지않은 미래에 루나 게이트웨이가 실현된다면 우리는 밤하늘에 뜬 달 주변에 수많은 인공적인 문문이 함께 맴도는 모습을 매일 보게 될지 모릅니다.

목성의 태풍은 언제 사라질까?

'목성 공포증'이라는 말을 들어 봤나요? 태양계 행성 중 유난히 목성을 향한 두려움을 토로하는 사람이 많습니다. 사실 정신 분석학적으로 공식 인정된 질환은 아닙니다. 환공포증과 마찬가지로 그저 사람들 사이에서 떠도는 일종의 도시 전설에 가깝습니다. 그런데 실제 탐사선들이 찍어 온 목성의 상세 사진을 보면, 정말 목성 공포증이라는 게 실존하는 것이 아닐까 하는 생각이 들 정도로 위압감을 느끼게 됩니다.

목성의 지름은 지구의 11배나 됩니다. 그리고 표면은 경계를 알 수 없는 오묘한 빛깔로 크고 작은 소용돌이가 휘몰아치면서 마치 빨려 들어갈 듯한 분위기를 자아냅니다. 특히 목성의 압도적인 느낌을 완성하는 화룡점정은 단연 목성의 남반구에서 거대하게 휘몰아치는 붉은 태풍입니다. 이것을 거대한 붉은 반점이라는 뜻에서 '대적점'이라고 합니다. 놀랍게도 이 거대한 태풍은 단 하나의 소용돌이입니다. 무려 그 안에 지구가 통째로 쏙 들어가고 남을 정도로 거대한 크기를 자랑하죠. 더욱 재미있는 점은 지구에서 만들어지는 태풍과 달리 목성의 대적점은 반 시계 방향으로 회전합니다. 태풍이지만 저기압이 아닌 고기압에 해당합니다. 이것을 거꾸로 뒤집힌 태풍이라는 뜻에서 '안티사이클론Anticyclone'이라고 부릅니다.

갈릴레오가 처음 망원경으로 목성을 관측했던 17세기 초반 이후, 많은 천문학자가 목성 표면에서 사라지지 않는 거대한 대적점의 존재를 눈치채기 시작했습니다. 프랑스의 천문학자 조반니 카시니Giovanni Cassini는 1665~1703년 동안 꾸준히 목성을 관측했고, 목성 표면에서 일명 '영원한 반점'이 있다고 기록했습니다. 이후 지금까지 대적점은 단 한 번도 사라진 적이 없습니다. 수백 년째 자신의 거대한 크기를 자랑하며 태풍이 유지되고 있죠. 정확히 이 태풍이 언제 만들어졌는지는 알 수 없습니다. 단지 인류가 300년 전부터 그 존재를 눈치챘을 뿐, 실제로는 그보다 더 오래전부터 존재했을 거라 추정합니다.

과거에 목성을 관측하고 기록한 천문학자들과 화가들의 그림을 현재 관측되는 목성의 모습과 비교하면 뚜렷한 차이를 하나 발견할 수 있습니다. 분명 과거의 대적점은 옆으로 훨씬 넓게 찌그러진 타원 형태를 갖고 있었습니다. 그 너비가 옆으로 지구 세 개는 들어갈 만큼 매우 넓었습니다. 하지만 현재 관측되는 대적점은 훨씬 폭이 좁아졌고 둥근 원에 가깝게 변했습니다. 특히 최근 100년 사이에 너비가 절반 가까이 좁아졌습니다. 이러한 변화를 근거로, 천문학자들은 결국 목성의 거대한 태풍도 서서히 사그라드는 게 아닐까 추정합니다. 하지만 대적점은 그리 쉽게 사라지는 존재가 아닌 듯합니다. 허블 우주 망원경으로 관측한 목성의 모습에서 천문학자들은 대적점의 소용돌이가 오히려 지난 10년 전에 비해 훨씬 더 빨라지고 있다는 새로운 사실을 발견했습니다. 어쩌면 목성의 대적점이 잠시 숨을 고르고, 다시 한번 세력을 키우는 기회를 노리는 것인지도 모릅니다.

　　1800년대까지만 해도 목성 대적점의 크기는 약 4만 1천 km였습니다. 이후 1979년 보이저 1호와 2호가 각각 연달아 목성 곁을 지나갔고, 대적점의 더 정확한 사진을 촬영했습니다. 그때 이미 목성 대적점의 지름은 두 배 가까이 줄어든 약 2만 3천 km였습니다. 현재 허블 우주 망원경은 틈날 때마다 목성을 지속적으로 모니터링합니다. 1995년에 관측한 사진을 보면 대적점의 폭은 다시 살짝 줄어든 2만 1천 km였고, 2009년에 촬영한 사진에는 무려 1만 8천 km까지 줄어들었습니다. 길게 찌그러진 타원 모양이었던 대적점의 폭이 계속 줄어들면서 지금은 둥근 원처럼 보이는 형태로 바뀌었습니다.

그렇다면 대체 목성의 태풍 속에서 무슨 일이 벌어지는 걸까요? 무엇이 목성의 대적점을 작아지게 만드는 걸까요? 지구의 경우, 태풍은 따뜻한 수증기를 머금은 공기가 강한 저기압을 만나 상승하면서 만들어집니다. 이후 바다와 육지를 타고 이동하면서 점차 지면과 마찰을 받게 되고 에너지가 줄어들면서 태풍이 소멸합니다. 하지만 목성의 경우, 구름 아래 태풍을 방해할 만한 육지가 없습니다. 여전히 천문학자들은 무엇이 대적점을 소멸시키는 시도를 하는 것인지 정확한 원인을 알지 못합니다. 그런데 자세히 관측해 보니, 대적점은 단순히 면적만 좁아지는 것이 아니었습니다. 동시에 태풍의 깊이는 더 깊어지는 것처럼 보입니다. 이것은 마치 회전판 위에 반죽을 돌리면서 도자기를 빚는 과정과 비슷합니다. 처음에 넓고 납작하게 퍼졌던 반죽을 점차 길게 세우면 길이는 길어지고 입구의 면적은 좁아집니다. 2014년에는 목성 대적점의 면적이 좁아지면서 동시에 더 진한 주황빛으로 색이 변하는 모습이 확인되었습니다. 목성 태풍 속의 독특하고 선명한 빛깔이 어떻게 만들어지는 것인지 아직도 뚜렷한 해답이 없지만, 아마 목성의 구름 아래 어떤 화학 성분이 존재하는지에 따라 달라질 것이라 추정합니다. 목성 대적점의 면적이 좁아지고 깊이가 깊어지면서 구름의 더 깊은 아래쪽에 있던 성분이 효과적으로 태풍 상층부까지 퍼지게 되었고, 그러면서 태풍의 색깔도 함께 변한 것이죠.

목성의 대적점은 목성 표면에서 서로 반대 방향으로 흘러가는 긴 구름 띠 사이에서 형성된 소용돌이입니다. 그래서 마치 컨베이어 벨트의 바퀴처럼 위아래 구름 띠와 맞물려 빠르게 회전합니다. 대적점 소용돌이의 가장 바깥 부분의 최대 풍속은 시속 약 650km입니다. 이 정도 바람이면 지구에서 건물 하나쯤은 순식간에 날려 버릴 수 있는, 매우 강력한 5급 태풍을 넘는 수준입니다. 그런데 놀랍게도 대적점의 회전 속도도 눈에 띄는 변화를 보이고 있습니다. 그렇지 않아도 빨랐던 태풍의 회전 속도는 2009년에서 2020년 사이에 무려 8%가 더 빨라졌습니다. 결과적으로 대적점은 더 빠르고 둥글게 변하는 중입니다. 10년이 채 안 되는 짧은 시간 사이에 급격하게 태풍의 속도가 빨라진 이유는 무엇일까요?

보통 지구에서 태풍은 적도 부근의 따뜻한 바다가 에너지를 얻어 태풍의 씨앗이 만들어집니다. 마찬가지로 목성 내부에서도 무언가 뜨거운 열원이 숨어 있고, 그것이 태풍을 키운다고 생각해 볼 수 있습니다. 2016년 천문학자들은 목성의 구름 속에서 이러한 열원의 존재 가능성을 확인했습니다. 열을 감지할 수 있는 적외선 망원경으로 목성을 관측한 결과, 마침 대적점이 있는 목성 남반구 주변의 상공 800km 영역에서 주변보다 더 많은 열이 방출된다는 것을 확인했습니다. 목성은 태양으로부터 지구보다 다섯 배나 더 멀리 떨어져 있습니다. 이러한 먼 거리에서 받을 수 있는 태양 빛은 그리 강하지 않습니다. 이토록 강한 열이 확인된다는 것은 분명 목성의 대적점 아래 우리가 아직 알지 못하는 또 다른 열원이 숨어 있다는 것을 암시합니다. 어쩌면 이 열원은 최소 수백 년 이상 식지 않고 계속 뜨거운 열기를 머금은 채 현재의 대적점이 유지되도록 했을 것입니다.

2016년 목성에 도착한 이후, 목성 구름 표면에 아슬아슬하게 접근하면서 초근접 사진을 제공하는 주노 탐사선의 데이터로 목성 내부에 숨은 뜻밖의 속사정을 엿볼 수 있게 되었습니다. 주노는 길게 찌그러진 타원 궤도를 그리면서 목성 구름 내부를 들여다보는 시도를 하고 있습니다. 오랫동안 천문학자들은 목성이 45억 년 전에 반죽된 하나의 단단한 암석이나 금속 핵을 중심으로 주변에 가벼운 가스 물질이 모이며 형성된 '가스 행성'이라 생각했습니다. 그래서 깊은 중심에는 명확한 경계를 갖는 핵이 있을 거라 생각했죠. 그런데 주노가 목성에 가까이 접근하면서 파악한 중력의 분포로 확인한 결과, 목성 내부는 우리의 기대와 많이 다른 듯합니다. 목성 내부에는 명확한 경계로 구분되는 핵이 없습니다. 대신 정중앙에서 목성 표면까지 펑퍼짐하게 밀도가 변하는 양상을 보입니다. 이 놀라운 사실은 오래전 목성이 또 다른 거대한 행성과 충돌하면서 그 안의 물질이 내부에서 펑퍼짐하게 퍼지는 격렬한 과정을 경험했을 가능성을 보여 줍니다. 목성의 형성 과정을 재현한 시뮬레이션을 보면, 갓 태어난 어린 목성은 두꺼운 가스 구름으로 뒤덮인 단단한 암석 핵을 가졌습니다. 하지만 또 다른 암석 행성과 충돌하면서 내부의 밀도가 펑퍼짐하게 줄어드는 모습을 갖게 됩니다. 이때 벌어진 충돌은 막대한 에너지를 남겼고, 아직까지 목성이 강한 자기장과 뜨거운 내부 열기를 머금을 수 있게 하는 원동력이 되었을 가능성이 있습니다.

아쉽게도 목성보다 더 멀리 떨어진 다른 가스 행성, 토성, 천왕성, 해왕성은 목성만큼 상세한 관측이 이루어지지 못했습니다. 그래서 목성의 표면에서 확인한 대적점과 같은 거대 태풍이 목성만의 특징인 것인지, 일반적인 가스 행성에서 확인되는 현상인지 알 수 없습니다. 이를 알기 위해서는 목성에 보낸 주노처럼 다른 가스 행성을 면밀하게 감시하는 또 다른 탐사선을 보내야 합니다. 목성의 태풍은 일찍이 수백 년 전부터 인류가 바라본 익숙한 풍경이지만, 애석하게도 이들이 대체 어떻게 만들어진 것인지조차 밝혀지지 않았습니다. 우리는 지금껏 목성의 껍데기만 봤을 뿐, 목성 구름 속에 감춰진 모습은 한 번도 본 적이 없습니다. 어쩌면 우리가 목성 사진을 보면서 막연하게 느끼는 공포감은 목성의 징그러운 구름이나 거대한 덩치 때문이 아니라, 아직 우리가 목성에 대해 아무것도 알지 못한다는 무지에서 오는 두려움 때문이지 않을까요?

토성 고리가 왜 가장 뚜렷할까?

태양계에서 가장 인상적인 행성을 꼽는다면 토성일 것입니다. 토성은 마치 챙이 긴 모자를 쓴 것처럼 독특한 모습을 가졌습니다. 토성의 고리가 뚜렷하고 강한 인상을 남긴 탓에 많은 사람이 태양계에서 고리를 가진 행성은 토성이 유일하다고 착각하기도 합니다. 하지만 그렇지 않습니다. 토성뿐 아니라, 목성과 천왕성, 해왕성, 함께 태양계 외곽을 맴도는 거대한 가스 행성 모두 고리를 가졌습니다. 다만 토성에 비해 이들의 고리는 훨씬 보잘것없고 희미합니다. 그래서 특별한 파장을 관측하는 망원경으로 봐야 겨우 보일 정도입니다.

흔히 토성이 거대한 고리를 갖는 이유를 설명할 때, 단순히 토성의 중력이 너무 강하기 때문이라는 식으로 이야기합니다. 중력이 강해서 주변에 크고 작은 부스러기를 많이 붙잡게 되었고, 그것이 모여 거대한 고리를 완성했다는 식이죠. 그런데 조금만 더 생각해 보면, 이러한 설명이 이상하다는 생각을 할 수 있습니다. 중력이 강한 덕분에 거대한 고리를 가질 수 있었다면, 당연히 중력이 더 강한 목성이 더 크고 아름다운 고리를 가져야 하는 게 아닐까요? 그런데 실제로는 태양계에서 중력 일인자인 목성이 아니라, 이인자인 토성이 더 압도적인 고리를 가졌습니다. 어째서 중력이 더 강한 목성이 오히려 더 희미하고 가는 고리를 갖게 된 걸까요?

우선 한 가지 고정 관념을 벗어던질 필요가 있습니다. 고리가 꼭 중력이 강한 거대한 가스 행성들만의 전유물은 아니란 것이죠. 훨씬 덩치가 작은 소행성들과 왜소 행성들도 조건만 맞으면 고리를 충분히 가질 수 있습니다. 예를 들어 목성과 해왕성 사이 궤도를 맴도는 왜소 행성 커리클로Chariklo가 있습니다. 이 왜소 행성은 겨우 지름이 200~300km밖에 안 되지만, 그 주변에 먼지 부스러기로 채워진 고리가 발견되었습니다. 이 자그마한 소행성 주변에 고리가 숨어 있었다는 사실을 어떻게 알아냈을까요?

2014년 천문학자들에게 우연한 기회가 찾아왔습니다. 커리클로가 태양계 공간을 움직이는 동안 멀리 배경 별 하나를 가리고 지나갔습니다. 만약 커리클로가 고리를 갖지 않았다면, 자신의 몸통이 별을 가릴 때 딱 한 번만 별빛이 어두워져야 합니다. 그런데 커리클로의 몸통 앞뒤로 한 번씩 별빛이 어두워지는 순간이 포착되었습니다. 게다가 연이은 별빛의 엄폐는 정확히 같은 간격을 두고 반복되었습니다. 이것은 커리클로가 주변에 둥근 고리를 둘렀다는 증거였습니다. 천문학자들은 커리클로가 지금의 궤도에 안착하기 훨씬 전에 당시 태양계 가장자리의 카이퍼 벨트^{Kuiper Belt} 주변을 떠돌던 부스러기를 끌어모아 지금의 작은 고리를 만들었다고 추정합니다. 여기서 카이어 벨트는 태양계 외곽, 해왕성 너머에 떠도는 작은 천체 무리를 말합니다.

토성과 천왕성 궤도에 걸쳐 크게 찌그러진 타원 궤도를 그리는 또 다른 소행성 키론^{Chiron}도 주변에 고리를 둘렀다는 사실이 밝혀졌습니다. 시간에 따라 고리가 조금씩 다른 각도로 기울어져 관측되면서, 키론 주변에 반사된 태양 빛의 밝기가 주기적으로 변하는 것을 확인했습니다. 그보다 더 멀리, 태양계 끝자락 카이퍼 벨트 안에서 궤도를 돌고 있는 왜소행성 하우메아^{Haumea}도 주변에 고리와 함께 더 작은 위성도 거느렸습니다. 이처럼 태양계 바깥 거대한 가스 행성뿐 아니라, 훨씬 작은 얼음 조각들 주변에서도 가끔 고리를 발견할 수 있습니다. 이 작은 소행성과 왜소 행성 들은 목성과 토성에 비하면 중력이 훨씬 약합니다. 그래서 소천체 주변에 형성된 고리는 조금 상황이 다르죠. 행성들의 고리 대부분은 주변을 지나가던 다른 부스러기를 포획한 경우보다 빠르게 자전하는 자기 자신의 표면에서 떨어진 조각들이 그대로 붙잡혀 곁을 맴도는 경우가 많습니다. 일반적인 왜소 행성의 경우, 자신의 전체 질량의 10%까지 사방으로 파편이 튀어 나가고 고리가 될 수 있습니다.

그럼에도 단연코 가장 압도적인 고리를 자랑하는 행성은 토성입니다. 토성의 고리는 대부분 얼음 입자로 이루어졌습니다. 그래서 유난히 태양 빛을 잘 반사하죠. 얼음에 반사된 태양 빛은 적외선 영역에서 밝게 보입니다. 제임스 웹 우주 망원경은 적외선으로 사진을 찍기 때문에 제임스 웹이 찍은 토성 사진을 보면 유난히 고리가 눈부시게 빛나는 것을 볼 수 있습니다. 토성 곁을 맴돌며 토성의 세밀한 모습을 포착했던 카시니 탐사선은 토성의 고리를 이루는 얼음 입자 대부분이 토성 곁의 얼음 위성에서 보충된다는 사실을 발견했습니다. 예를 들어, 토성 고리 중 비교적 바깥에 그려진 F 고리를 보면 그 한복판에서 물줄기를 뿜어내는 작은 얼음 위성 엔셀라두스^{Enceladus}를 발견할 수 있습니다. 엔셀라두스는 크기가 작지만, 얼음 표면 아래에 매우 거대한 액체 바다를 품고 있습니다. 토성의 막강한 중력으로 얼음 표면이 마치 남극의 크레바스처럼 갈라져 있는데, 그 틈을 비집고 지하의 바닷물이 우주 공간으로 분수처럼 뿜어져 나오고 있습니다. 분출된 바닷물은 차가운 우주 공간에서 순식간에 얼음 결정으로 얼어붙습니다. 그리고 엔셀라두스의 궤적을 따라 토성 주변에 흩뿌려집니다. 어린 시절 읽었던 전래 동화에서 바다 깊은 곳에서 영원히 돌아가는 맷돌 덕분에 지구의 소금이 계속 채워진다고 이야기하는 것처럼, 쉬지 않고 물줄기를 뿜어내는 얼음 위성들 덕분에 토성 주변에는 계속 얼음 입자가 보충되는 중입니다.

토성 고리는 매우 거대하지만, 그 두께는 상당히 얇습니다. 아이스 커피에 들어가는 얼음 만한 크기부터, 스쿨버스 크기에 이르기까지 작은 얼음 조각들로 채워져 있기 때문입니다. 토성 고리의 전체 지름은 27만 3천 km 정도이지만, 그 평균적인 두께는 겨우 10~100m 수준입니다. 토성 고리의 너비와 두께의 비율을 구해 보면, 놀랍게도 A4 종이의 두께 대비 폭 비율보다 훨씬 작습니다. 일반적인 A4 종이의 너비는 210mm이고 두께는 0.1mm 정도입니다. 오히려 A4 종이의 너비 대비 두께가 훨씬 두껍습니다. 그래서 그 거대한 고리의 얼음 입자를 다 모아 봤자 질량은 그리 무겁지 않습니다. 소행성 하나의 무게도 되지 않죠. 태양계에서 가장 무거운 소행성이 세레스Ceres인데, 세레스 질량의 0.015%밖에 안 됩니다.

토성 주변의 얼음 위성에서 얼음 입자들이 제공되는 속도를 파악하면, 지금의 고리가 언제쯤 만들어졌을지를 유추할 수 있습니다. 오랫동안 천문학자들은 토성의 고리도 토성이란 행성 자체가 처음 탄생하던 순간 함께 만들어졌을 것이라 생각했습니다. 당연히 토성 고리의 나이도 토성이 태어났던 45억 년 전부터 있었을 것이라 생각했죠. 하지만 그렇지 않습니다. 가장 최근의 분석에 따르면 토성 고리의 나이는 아무리 길게 잡아도 1억 년밖에 안 됩니다. 무려 공룡과 동갑이죠. 지구에 공룡이 살던 즈음이 되었을 때, 토성 주변에 서서히 고리가 태어나기 시작한 것입니다. 만약 지구에 공룡이 막 출현하던 시점으로 타임머신을 타고 돌아가 그곳의 밤하늘을 망원경으로 바라본다면 주변에 고리를 두르지 않은 어딘가 어색한 모습의 토성을 보게 될지 모릅니다.

목성 주변에도 고리가 있습니다. 보이저 탐사선이 목성 곁을 스쳐 지나가면서, 목성이 태양을 등지고 있을 때 그 주변 고리에 희미하게 반사된 태양 빛의 모습을 포착했습니다. 하지만 토성에 비해 훨씬 희미했습니다. 토성 고리에 비해 목성 고리가 잘 보이지 않는 것은 규모 때문만이 아닙니다. 토성과 달리 목성의 고리는 주로 어두운 암석 부스러기로 채워져 있기 때문입니다. 처음으로 목성 곁에 머무르면서 탐사를 진행했던 갈릴레오 탐사선은 목성 주변을 맴도는 암석 위성끼리 서로 부딪히면서 만들어진 파편이 목성의 고리를 구성한다는 사실을 발견했습니다. 목성의 중력에 붙잡혀 주변 궤도를 맴도는 가니메데 Ganymede 와 같은 덩치 큰 암석 위성들이 목성 고리를 이루는 중요한 재료를 제공합니다.

목성 주변에서 위태롭게 충돌하는 암석 위성들의 존재가 바로 목성이 토성만큼 크고 아름다운 고리를 가질 수 없는 중요한 이유입니다. 목성은 중력이 강한 만큼 주변에 큼직한 위성을 무려 네 개나 거느리고 있습니다. 이 위성들은 안쪽부터 순서대로 '이오 Io', '유로파 Europa', '가니메데', '칼리스토 Callisto'라는 이름을 가졌습니다. 17세기 천문학자 갈릴레오 갈릴레이 Galileo Galilei 는 자신이 직접 만든 망원경으로 목성 주변에 이 위성 네 개를 발견했고, 태양계 천체들이 지구뿐 아니라 다른 천체를 중심에 두고 궤도를 돈다는 사실을 발견했습니다. 이러한 갈릴레이의 발견은 지구가 우주의 중심이 아닐 수 있다는 의심의 씨앗이 되었고, 이는 우리가 현재 알고 있는 천문학의 역사를 만들어 낸 계기가 되었습니다. 그래서 이 위성들을 '갈릴레이 위성 ^{Galilean moons}'이라고도 부릅니다. 이들 모두 목성의 강한 중력에 사로잡힌 채, 목성으로부터 겨우 40만 km 이내의 거리를 유지하고 있습니다. 지구와 달 사이 거리가 38만 km라는 걸 감안하면 매우 가까운 거리입니다. 목성은 지구의 달 못지않게 거대한 위성이 무려 네 개나, 그것도 비좁은 범위 안에 바글바글 모여 있는 셈입니다. 그래서 위성끼리 계속 중력을 주고받습니다. 만약 목성 주변에 부스러기가 모여서 고리를 유지하려 해도, 계속 그 주변을 스쳐 지나가는 위성들의 방해로 고리는 금방 흐트러집니다. 천문학자들의 시뮬레이션에 따르면, 설령 목성 주변에 토성처럼 거대한 고리를 억지로 만들어 놓더라도 1천만 년도 안 돼서 고리가 금방 파괴되어 버립니다.

반면 토성 곁을 맴도는 가장 큰 위성은 타이탄^{Titan}인데, 타이탄은 토성에서 120만 km나 떨어져 있습니다. 꽤 먼 거리입니다. 그래서 타이탄은 토성 주변을 감싸는 고리 입자들에게 강한 중력을 가하지 못합니다. 한가운데 훨씬 가까운 거리에서 고리 입자를 붙잡고 있는 토성 자체의 중력이 압도적으로 강하기 때문입니다. 토성 고리를 잘 보면 가장 안쪽에서 바깥쪽까지 완벽하게 이어져 있지 않습니다. 중간중간 고리 사이가 벌어진 빈틈이 있죠. 이것을 '토성 고리의 간극'이라고 합니다. 그 간극을 유심히 살펴보면, 고리 입자들이 깔끔하게 청소된

빈틈에서 작은 위성들이 안정적으로 궤도를 도는 모습을 볼 수 있습니다. 고리 사이사이 빈틈에 한 자리씩 차지한 이 작은 위성들도 토성이 거대한 고리를 흐트러뜨리지 않고 형태를 유지할 수 있는 비결입니다.

토성 고리 사이사이의 틈에서 궤도를 도는 위성들과 고리 입자들이 중력을 주고받는 상황을 생각해 봅시다. 고리보다 안쪽을 도는 위성은 고리보다 더 빠르게 돕니다. 고리 안쪽에서 빠르게 움직이는 위성은 자신보다 바깥의 고리 입자들을 안쪽으로 끌어당깁니다. 반대로 고리보다 더 바깥에 있는 위성은 고리보다 조금 더 느리게 돕니다. 그리고 자신보다 안쪽에 있는 고리 입자들을 바깥으로 끌어당깁니다. 결국 고리 안팎에서 조금 더 빠르거나 느리게 맴도는 위성들끼리 서로 중력을 주고받으며 경쟁하게 되고, 고리 입자는 어느 쪽으로도 끌려가지 못한 채 계속 대열을 유지할 수 있게 됩니다. 이처럼 토성 고리 안팎에서 고리의 대열을 유지하게 도와주는 위성들을 마치 양을 모는 양치기 개와 같다고 해서, '양치기 위성 Shepherd satellite' 이라고 부릅니다. 대표적으로 토성의 가장 바깥 F 고리 안팎을 지키는 위성 프로메테우스와 판도라가 있습니다. 토성은 참 절묘합니다. 중력이 적당히 강해서 주변에 고리 입자를 붙잡아 놓을 수 있으면서도 지나치게 강하지 않아서 위성들의 방해로 고리를 파괴시키지 않기 때문입니다. 절묘하고 최적화된 조건 속에서 토성은 멋진 고리를 유지하게 되었습니다. 중력이 지나치게 강한 목성이 더 큰 고리를 갖지 못하게 되었다는 우주의 모습을 통해 과한 욕심이 항상 최고의 결과를 만들어 주지 않는다는 우주의 교훈을 느낄 수 있습니다.

명왕성 너머에 또 다른 행성이
숨어 있을까?

1930년 클라이드 톰보 Clyde Tombaugh가 아홉 번째 행성으로 명왕성을 발견한 이후 거의 반세기 가까운 시간 동안 명왕성보다 더 먼 새로운 태양계 행성은 발견되지 않았습니다. 사람들은 이제 태양계 주요 천체는 다 발견됐다고 생각했습니다. 하지만 일부 천문학자들은 아직 발견되지 않은 또 다른 행성이 숨어 있을지 모른다고 의심했습니다. 혹시 저 어둠 속에 발견되기만을 기다리는 열 번째, 열한 번째 행성이 있지 않을까요? 무모한 도박과 같은 이 도전을 시도한 톰보의 후예들이 있었습니다. 그리고 다시 한번 태양계는 큰 변화를 맞이했습니다.

천문학자 마이크 브라운 Michael Brown은 모두가 헛수고라며

무시한 새로운 행성 사냥에 나섰습니다. 과거 천문학자들은 명왕성 너머 또 다른 행성이 숨어 있다면, 다른 행성들과 마찬가지로 거의 비슷한 궤도면 위에 놓였을 것이라 생각했습니다. 하지만 아무리 하늘을 찾아봐도 기존 행성들의 궤도에서 크게 벗어나지 않는, 황도 부근에서는 큼직한 새로운 행성이 보이지 않았습니다. 그래서 브라운은 굉장히 용감한 시도를 했습니다. 이전까진 큰 물고기가 더는 없을 것이라 생각하고 누구도 제대로 뒤져보지 않은 미지의 망망대해, 바로 황도에서 한참 벗어난 새로운 하늘을 찾아본 것입니다. 결과는 놀라웠습니다. 브라운의 끈질긴 낚시 끝에 정말 그물에 새로운 물고기가 걸렸습니다! 그렇게 브라운은 명왕성보다 더 먼 곳에서, 명왕성에 버금가는 크기의 새로운 천체들인 에리스Eris, 세드나Sedna 등을 연이어 발견했습니다. 당시 그는 자신이 발견한 이 새로운 천체들이 곧 명왕성의 뒤를 이어 태양계 열 번째, 열한 번째 행성으로 태양계 호적에 추가될 것이라 기대했습니다.

하지만 그 뒤 벌어진 일은 브라운의 예상과 전혀 다르게 흘러갔습니다. 브라운이 태양계 끝자락에서 새롭게 발견한 천체들은 명왕성의 외로움을 달래 주기는커녕, 안 그래도 위태로운 명왕성의 애매한 입지를 흔들어 버렸습니다. 알고 보니 명왕성은 태양계 가장자리, 어둠의 세계를 홀로 관장하는 저승

별과 행성

의 왕이 아니었습니다. 그저 자기와 비슷한 크기의 수많은 소천체 중 하나에 불과했습니다. 브라운의 발견으로 인해 명왕성이 전혀 특별할 것 없는 여러 얼음 구슬 중 하나에 불과했다는 사실이 드러난 것이죠. 결국 명왕성에게 새로운 동생을 더 찾아 주고 싶어서 시작된 브라운의 발견은 오히려 명왕성을 태양계 호적에서 지우게 만드는 계기가 되고 말았습니다. 그렇게 2006년, 천문학자들은 치열한 투표를 거쳐 명왕성을 행성에서 끌어내렸습니다. 이로써 70여 년간 명왕성이 차지했던 태양계 아홉 번째 행성의 자리는 공석이 되었습니다. 더 정확히 말하면 애초에 필요 없었던 자리가 된 셈입니다. 언제 그랬냐는 듯 우리는 다시 덩치 큰 행성을 여덟 개만 거느린 태양계의 모습을 자연스럽게 받아들이게 되었습니다.

카이퍼 벨트를 떠도는 수많은 소천체는 '카이퍼 벨트 천체 Kuiper Belt Object, KBO'라고 부릅니다. 또 카이퍼 벨트 바깥 먼 곳까지 크게 찌그러진 타원 궤도를 돌면서 해왕성 주변까지 접근하는 소천체들도 있습니다. 이러한 천체들을 '해왕성 근접 천체 Trans-Neptunian Object, TNO'라고 합니다. 이 TNO들은 태양에서 지구보다 무려 100배, 200배나 더 멀리까지 뻗어 있는 거대한 타원 궤도를 그리죠. 그런데 지금까지 발견된 TNO의 궤도 분포에서 천문학자들은 이상한 점을 발견했습니다. 놀랍게도 태양계 최외곽 소천체들이 그리는 궤도가 모두 한 방향으로만 쏠렸다는 사실입니다. 타원 궤도를 그리는 천체가 태양에 가장 가까이 접근하는 지점을 '근일점'이라고 합니다. 이는 태양계 가장 바깥 TNO의 궤도 근일점이 모두 한쪽 방향에 몰려 있다는 뜻입니다. 이는 매우 어색한 현상입니다. 일반적으로 태양을 중심으로 사방에 고르게 얼음들과 돌 부스러기들이 깔려 있어야 하므로, 소천체들의 궤도도 모든 방향에 균등하게 분포해야 합니다. 하지만 실제로 태양계 가장자리를 떠도는 TNO의 궤도는 한쪽으로 강하게 치우친 것처럼 보입니다. 브라운은 이 상황이 얼마나 부자연스러운지 알아내기 위해 TNO들의 궤도가 이렇게 분포할 확률을 계산했습니다. 태양계 가장자리 소천체들의 궤도가 단순히 우연에 의해 지금처럼 쏠려 있을 확률은 겨우 0.007%뿐입니다. 사실상 이것은 거의 불가능하며 몹시 부자연스러운 모습이라고 볼 수 있습니다.

대체 어떻게 이 이상한 궤도 분포를 설명할 수 있을까요? 브라운은 TNO들의 타원 궤도가 쏠려 있는 정반대 편에 무겁고 거대한 행성이 숨어 있기 때문이라고 생각했습니다. 시뮬레이션을 해 보면 지구의 열 배 정도 되는 육중한 행성이 다른 TNO들과 정반대로 길게 뻗은 타원 궤도를 돈다고 가정하면 지금의 상황을 자연스럽게 재현할 수 있습니다. 재미있게도 기존의 아홉 번째 행성으로 불리던 명왕성을 쫓아낸 장본인이 다시 새로운 아홉 번째 행성이 존재할지 모른다는 가능성을 제시한 셈입니다. 브라운은 태양계 행성으로 구슬치기를 하는 기분이지 않았을까요?

하지만 이 태양계 아홉 번째 행성 가설을 믿지 않는 천문학자도 많습니다. 이러한 덩치 큰 행성이 태양에서 수백억, 수천억 km까지 떨어진 먼 거리에서 안정적인 궤도를 유지하기 어렵다고 보기 때문입니다. 먼 곳에 행성이 있었다면 진작 오래전에 태양의 중력을 벗어나 떠돌이 행성이 되었어야 한다고 반박하죠. 그런데 최근 이 반론을 무너뜨리는 아주 놀라운 외계 행성이 발견되었습니다. 기존의 예상과 달리 중심 별에서 수백억 km 거리에 떨어진 채 오랫동안 안정된 궤도를 유지하고 있는 외계 행성이 발견된 것입니다!

2013년 천문학자들은 2013년 칠레의 마젤란 망원경을 활용해 지구에서 약 336광년 거리에 떨어진 별, HD 106906 곁에서 흥미로운 것을 발견했습니다. HD 106906은 별 두 개가 함께 서로의 곁을 도는 쌍성입니다. 그 별 주변을 마치 태양계 외곽 카이퍼 벨트처럼 거대한 소천체 부스러기로 이루어진 먼지 원반이 에워싸고 있습니다. 그리고 그 부스러기 원반 너머, 별에서 멀리 떨어진 곳에서 희미한 점이 하나 발견되었습니다.

천문학자들은 이 점이 쌍성 곁을 도는 외계 행성이 아닐까 의심했습니다. 다만 별에서 외계 행성까지 거리는 너무 멉니다. 지구와 태양 사이 거리의 약 737배, 무려 1천억 km가 훌쩍 넘는 엄청난 거리입니다. 중심 쌍성의 중력에 안정적으로 붙잡힌 외계 행성이라고 보기 어려운 먼 거리죠. 또 이 외계 행성은 쌍성 주변 부스러기 원반에 비해 20도 이상의 각도로 심하게 벗어나 있습니다. 이에 오랫동안 천문학자들은 이 외계 행성이 정말 중심 쌍성 곁에 붙잡혀 있는지, 아니면 쌍성과 상관없이 그저 근처를 지나가던 떠돌이 행성인지를 두고 고민했습니다.

그러던 2015년, 별 주변을 둘러싼 부스러기 원반을 관측한 천문학자들은 흥미로운 것을 발견했습니다. 부스러기 원반이 쌍성 주변을 고르게 에워싼 것이 아니라 한쪽 방향으로 더 길게 비대칭으로 분포했다는 사실입니다. 마치 태양계 외곽 TNO들의 한쪽으로 쏠린 궤도처럼 말이죠. 또 이 먼지 원반의 한쪽 방향만 유독 다른 쪽에 비해 더 많이 두껍게 부풀고 흐트러진 모습을 보였습니다. 당시 천문학자들은 앞서 발견된 외계 행성이 주기적으로 중심 쌍성 근처까지 접근하면서 부스러기 원반의 한쪽을 흐트러뜨려서가 아닐까 의심했습니다.

이 천체가 주변을 지나가는 떠돌이 행성이 아니라 쌍성에 붙잡힌 외계 행성이라는 사실이 확인되기까지 매우 긴 시간이 필요했습니다. 중심 별에서 너무 멀리 떨어져 있어, 그 궤도를 한 바퀴 완주하는 데만 무려 1만 5천년의 시간이 걸리기 때문입니다. 곧 이 행성에서의 '1년'은 지구에서의 1만 5천 년과 같다는 뜻입니다. 이 외계 행성이 최근 궤도를 한 바퀴 돌기 이전은 인류가 처음 아메리카 대륙으로 이주하고, 사하라 사막이 푸른 숲이던 시절입니다. 이후 1만 5천 년이 흘러 한 바퀴를 돌아 21세기 인류에게 그 모습이 발견된 셈입니다.

천문학자들은 2004년부터 2018년까지 약 14년에 걸쳐 허블 우주 망원경의 관측 데이터, 그리고 최근에는 가이아 위성의 정밀한 관측 데이터를 활용해 중심 쌍성과 그 곁의 외계 행성의 정밀한 위치 변화를 비교했습니다. 그 결과로 확인된 외계 행성의 궤도는 분명 중심 쌍성의 중력에 안정적으로 붙잡힌 궤도를 그렸습니다. 게다가 이 외계 행성은 목성의 무려 11배나 되는 육중한 초거대 행성입니다. 놀랍게도 별에서 수백억 km 이상 먼 거리에는 덩치 큰 행성이 붙잡혀 있을 수 없을 것이란 기존 생각을 뒤집을 새로운 증거입니다. 별에서 이렇게나 멀리 떨어져 수만 년 주기로 도는 행성이 존재한다면, 우리 태양도 충분히 그럴 수 있지 않을까요?

그렇다면 대체 어떻게 별에서 이렇게 먼 거리에 떨어진

행성이 안정적인 궤도를 유지할 수 있을까요? 천문학자들은 쌍성 주변 다른 이웃 별들의 움직임을 반영해 새로운 시뮬레이션을 만들었습니다. 그리고 그 곁을 지나간 다른 이웃 별들 덕분에 이러한 초원거리 행성이 존재할 수 있었다는 사실을 확인했습니다. 시뮬레이션에 따르면, 우선 먼 과거 쌍성 주변에 갓 만들어진 먼지 원반 속에서 새로운 덩치 큰 행성이 하나 만들어졌습니다. 그런데 이 먼지 원반 속에서 빚어진 행성은 주변의 먼지 부스러기들의 지속적인 방해로 서서히 에너지를 잃고 중심의 쌍성을 향해 가까이 다가갔습니다. 그런데 이곳은 중심에 별이 하나가 아니라 두 개, 즉 쌍성이 돌고 있습니다. 그래서 쌍성 곁으로 바짝 다가온 행성은 두 별의 강하고 복잡한 중력 상호 작용을 받게 됩니다. 결국 다시 강한 속도와 에너지를 얻어 이 행성의 궤도는 조금씩 더 크게 찌그러진 타원 궤도로 성장합니다. 결국 두 별의 복잡한 중력 힘겨루기에 떠밀린 행성은 별에서 완전히 멀리 벗어나 쫓겨나게 됩니다.

보통 이러한 과정으로 쫓겨난 행성은 중심 별의 중력 영향권을 완전히 벗어나 홀로 우주 공간을 떠도는 떠돌이 행성이 됩니다. 하지만 이번에는 상황이 달랐습니다. 행성이 별에서 멀리 벗어나 쫓겨나던 과정에서 우연히 그 현장을 지나가던 다른 이웃 별이 있었던 덕분입니다. 이웃 별이 쌍성계 주변을 지나가면서 자신의 강한 중력으로 행성을 건드려 다시 쌍성 쪽으로 미는 효과를 준 것입니다. 우연히 곁을 지나간 친절한 이웃 별의 도움 덕분에, 쌍성에게서 완전히 버림받을 뻔했던 이 행성은 대신 크게 찌그러진 타원 궤도를 그리며 오랫동안 안정적으로 쌍성 곁에 머무를 수 있게 되었습니다. 멀리 떨어진 행성을 거느리고 있는 이 쌍성의 나이는 놀랍게도 겨우 1,500만 살밖에 되지 않았습니다. 현재 50억 살을 바라보는 태양 어르신에 비하면 훨씬 어린 별들입니다. 한참 어린 별 곁에 멀리 떨어진 행성이 존재할 수 있다는 사실은, 우리 태양도 형성 직후의 어린 시절부터 초원거리 행성을 거느릴 수 있었다는 가능성을 보여 줍니다.

물론 최근에 확인된 이 외계 행성은 중심에 별이 하나가 아니라 별이 두 개인 쌍성 곁을 돌고 있다는 중요한 차이가 있습니다. 별이 하나일 때와 두 개일 때 서로 중력을 주고받는 역학적 진화 과정은 매우 크게 달라집니다. 그래서 이번에 발견된 초원거리 행성은 별 곁에 수백억, 수천억 km 거리에도 행성이 존재할 수 있다는 가능성을 보여 주지만, 중심에 쌍성이 아닌 태양 하나만 둔 태양계에 그대로 적용하기 어려운 한계도 있습니다.

한 세기 전 명왕성을 발견한 클라이드 톰보의 스승 퍼시

벌 로웰^{Percival Lowell}은 천왕성과 해왕성 너머 또 다른 행성, 플래 닛 X^{Planet X}가 존재할 것이라고 예측했습니다. 톰보는 끈질긴 탐색 끝에 명왕성이라는 새로운 태양계 구성원을 발견했습니다. 물론 명왕성은 앞서 로웰이 예측했던 플래닛 X라고 하기에 너무 작고 가벼운 천체였습니다. 하지만 분명 저 멀리 어둠 속에 또 다른 태양계 가족들이 숨어 있을지 모른다는 의심을 품게 만드는 흥미로운 발견이었습니다. 이후 명왕성 주변에서 비슷비슷한 작은 천체들이 많이 발견되었지만, 논란의 여지 없이 누구나 다 행성이라고 불러 줄 만한 덩치 큰 행성은 아직까지 발견되지 않았습니다.

어쩌면 태양계에 더는 행성의 호적에 새롭게 추가될 덩치 큰 천체는 없을지도 모릅니다. 이제 남은 것은 재미없는 돌멩이들뿐일지 모르죠. 설령 아홉 번째 행성이 존재한다고 해도 현재 예측되는 궤도를 보면 그 거리가 너무 멀어서 지구의 지상 망원경으로 겨우 볼 수 있을까 말까 한 한계 등급 수준의 어두운 밝기로 보일 것입니다. 또 궤도를 한 바퀴 도는 데 수만 년이 걸리기 때문에 기존의 다른 천체들처럼 겨우 몇 개월, 몇 년 관측해서는 그 움직임도 알아볼 수 없을 것입니다. 지금의 관측 기술로는 검증 자체가 몹시 어려운 상황입니다.

만약 아직 우리에게 들키지 않고 숨어 있는 태양계 마지

별과 행성

막 행성이 또 있다면, 그 먼 곳에서 바라본 태양계는 어떤 느낌일까요? 이 미지의 아홉 번째 행성은 보이저 탐사선보다 더 멀리 떨어져 있을 것입니다. 말 그대로 태양계 가장자리에 아슬아슬하게 걸친 느낌입니다. 태양이 너무 멀기 때문에 태양빛이 도달하는 데만 5일이 걸립니다. 지구에서는 매 순간 8분 전의 태양 빛을 보지만, 이곳에서는 매일 5일 전의 태양 빛이 비칩니다.

아홉 번째 행성의 춥고 어두운 하늘에 뜬 태양은 다른 별들보다 살짝 밝은 점으로 겨우 보일 것입니다. 그곳에서 자신이 태양계에 속한 한 멤버라는 소속감도 느끼기 어렵겠죠. 태양이 이 행성의 지평선 위에 떠 있는 낮이 되어도 태양 빛이 워낙 어두워서 여전히 어둠에 잠겨 있을 것입니다. 애초에 이 아홉 번째 행성에서는 낮과 밤의 구분이 큰 의미가 없지 않을까요? 이곳에서 낮과 밤은 그저 태양이란 별이 지평선 위에 있는지 아래에 있는지를 구분하는 천문학적인 정의에 불과할 것입니다. 낮이든 밤이든 어둠에 잠겨 있는 것은 똑같을 테니까요.

미지의 아홉 번째 행성의 실체가 확인된다면, 태양계의 지도는 다시 한번 크게 변할 것입니다. 순식간에 우리의 고향 태양계 행성들의 지도는 수천억 km 수준으로, 기존의 지도 경계가 확장될 것입니다. 그리고 인류가 먼 미래에 새롭게 도전할 다음 방문의 행선지로 떠오를 것입니다.

3장

블랙홀과 천체

블랙홀은 뜨거울까?

블랙홀은 만지면 뜨거울까요? 차가울까요? 블랙홀 곁에 온
도계를 두면 눈금은 올라갈까요? 물론 온도계고 뭐고 블랙홀
의 끔찍한 중력으로 전부 파괴될 것입니다. 하지만 상상해 봅
시다. 굉장히 튼튼한 온도계가 있다면, 블랙홀의 온도를 잴 수
있을까요?

블랙홀의 온도는 얼핏 들으면 그저 단순한 이야기처럼 들
립니다. 우리에게는 무언가의 온도를 잰다는 게 그리 특별한
일이 아니니까요. 그런데 블랙홀의 온도는 물리학적으로 매우
어렵고 중요한 질문입니다. 만약 블랙홀의 온도를 어떻게 잴
수 있는지를 정확히 이해한다면 무려 양자역학과 상대성 이론,

둘 모두의 가장 난해한 비밀을 밝혀낼 수 있을지 모릅니다.

우선 물리학자의 사전에서 '온도'가 정확히 무엇을 의미하는지 이해할 필요가 있습니다. 흔히 온도라고 하면 가장 먼저 온도계 눈금을 오르내리는 빨간 수은주를 떠올립니다. 온도는 뜨겁고 차가운 느낌의 척도라고 생각하죠. 하지만 우리가 흔히 생각하는 온도계 눈금은 온도를 시각적으로 편하게 보여 주는 도구일 뿐입니다. 물리학적으로 온도는 한 공간 안에 있는 기체 분자들의 평균 운동 에너지입니다. 조금 더 쉽게 말하면, 기체 분자들이 얼마나 빠르게 돌아다니는지를 말합니다.

방 안의 온도를 잰다고 생각해 봅시다. 방 안에는 눈에 보이지 않지만 수많은 공기 분자가 있습니다. 방이 뜨거워지면 공기 분자도 가열되고, 더 빠르게 움직입니다. 눈에 보이지 않지만 공기 분자들은 마치 냄비 속에 튀겨지는 팝콘처럼 이리저리 튀어 날아다닙니다. 벽에 온도계가 있다면 어떨까요? 공기 분자들이 더 빠르게 날아다니면서 자연스럽게 더 많은 수의 공기 분자가 온도계에 부딪칩니다. 그리고 공기 분자가 머금던 에너지가 고스란히 온도계에 전달되죠. 열에 예민한 수은은 부피가 빠르게 늘어나고 온도계 눈금은 위로 올라갑니다. 즉, 온도계 눈금은 방 안을 채운 공기 분자들의 움직임을 눈으로 볼 수 있게 도와주는 도구일 뿐, 온도의 본질이 아닙니다.

우리가 무언가의 온도를 잴 수 있는 건 대부분 거의 모든 물질이 열을 머금기 때문입니다. 열은 다르게 말하면 빛입니다. 우리도 체온에 해당하는 만큼의 에너지를 빛으로 발산하죠. 다만 우리의 몸은 가스레인지나 성냥불에 비해 훨씬 미지근한 온도를 갖습니다. 그래서 주로 에너지가 제일 적은 적외선 영역에서 빛을 냅니다. 한동안 코로나19로 고생했던 시절을 떠올려 봅시다. 우리는 건물을 드나들 때마다 체온을 확인했지만 매번 체온계를 입이나 겨드랑이, 엉덩이에 꽂지 않았습니다. 간단하고 무미건조하게 작은 카메라 앞에 서서 체온을 확인했죠. 우리 몸에서 발산되는 적외선을 촬영하는 적외선 카메라 덕분에 훨씬 빠르고 쉽게 우리 몸의 열기를 잴 수 있었습니다. 만약 우리의 눈이 가시광선뿐 아니라, 적외선까지 볼 수 있었다면 우리는 한눈에 누가 몸살에 걸렸는지 알 수 있었을 것입니다. 몸에 열이 나면서 몸 전체가 좀 더 밝게 빛날 테니까요.

이처럼 열을 품고 빛나는 모든 물체는 온도를 정의하고 잴 수도 있습니다. 그렇기 때문에 블랙홀의 온도라는 것은 상당히 복잡한 문제가 됩니다. 블랙홀은 직역하면 '검은 구멍'인데요, 왜 이러한 이름이 지어졌을까요? 애초에 블랙홀은 중력이 너무 강해서 그 어떤 빛도 바깥으로 새어나가지 못하는 존재이기 때문입니다. 빛은 우주에서 가장 빠르죠. 하지만 빛도 유한한 속도를 갖습니다. 빛의 속도는 대략 초속 30만 km이고, 지구나 목성, 태양처럼 일반적인 행성과 별의 중력으로는 빛을 붙잡을 수 없습니다. 어떤 천체의 중력을 벗어나기 위해 필요한 최소한의 속도를 '탈출 속도'라고 합니다. 다르게 말하면 지구나 목성, 태양을 벗어나기 위한 탈출 속도는 빛의 속도에 한참 미치지 못하는 것이죠. 중력은 그 천체의 질량이 무거워질수록 강해집니다. 만약 질량이 무거운 천체가 있다면 어떨까요? 어느 순간 그 천체의 중력을 벗어나기 위해 빛의 속도보다 더 빠른 탈출 속도가 필요하게 됩니다. 그런데 우주에서는 그 무엇도 빛보다 빠를 수 없습니다. 결국 빛조차 탈출할 수 없다면, 우주에서 그 무엇도 탈출을 꿈꿀 수 없는 끔찍한 중력의 감옥이 만들어집니다. 즉, 블랙홀은 빛나지 않습니다. 블랙홀은 그 어떤 빛도 내보내지 않습니다. 다시 말해 열을 품지 않은 것처럼 행동합니다. 그래서 오랫동안 블랙홀은 온도가 존재하지 않는다고 생각했습니다. 굳이 온도계를 꽂는다면 블랙홀의 온도는 절대 영도Absolute Zero일 것이라 생각했죠.

그런데 물리학자 스티븐 호킹Stephen Hawking은 블랙홀도 주변 시공간에 에너지를 퍼뜨리는 '척'을 할 수 있다는 사실을 발견했습니다. 여기서 굳이 '척'이라는 말을 붙인 이유는 일반적으로 열을 머금은 천체가 빛을 발산하는 것과 매우 다른 방식이기 때문입니다. 블랙홀 자체는 빛의 탈출을 허락하지 않지만, 블랙홀 주변의 시공간에서 마치 빛이 새어나가는 것처럼 보이는 일이 벌어집니다.

우주는 진공입니다. 진공은 아무것도 없는 텅 빈 공간이죠. 하지만 꼭 그렇지 않습니다. 사실 우리가 알아챌 수 없는 짧은 찰나에 새로운 입자가 나타나고 사라지는 일이 수없이 벌어집니다. 단지 너무 짧은 순간에 벌어지기 때문에 우리가 미처 눈치채지 못할 뿐입니다. 특히 우주는 대칭을 좋아합니다. 그래서 진공 상태에서 새로운 입자가 만들어지고 사라지는 과정에서도 대칭을 따릅니다. 질량과 크기 등 다른 모든 성질은 똑같지만 전기적인 성질만 반대인 입자들이 있습니다. 물리학에서는 이러한 경우를 '대칭적'이라고 합니다. 예를 들어 전기적으로 -극을 띠는 전자, 그리고 다른 건 다 똑같은데 전기적으로 +를 띠는 양전자가 있습니다. 보통 이러한 경우를 '입자'와 '반입자'라고 부릅니다. 입자와 반입자는 마치 도플갱어와 같습니다. 도플갱어를 만나 서로 악수를 하면 둘 다 사라진다는 도시 괴담이 있죠? 그런 일이 실제로 벌어집니다. 서로 대칭적인 입자와 반입자가 서로 부딪히면 에너지만 남긴 채 둘 다 홀연히 사라집니다. 이것을 '쌍소멸'이라고 합니다. 반대로 아무것도 없던 텅 빈 진공 속에서 입자와 반입자 쌍이 튀어 나오는 경우도 있죠. 이것을 '쌍생성'이라고 합니다.

블랙홀 주변이라고 다르지 않습니다. 블랙홀 주변의 시공간에서도 입자들과 반입자들의 쌍소멸과 쌍생성이 쉬지 않고 벌어집니다. 그런데 막강한 중력의 블랙홀이 놓이게 되면 더 극적인 일이 벌어집니다. 우연히 블랙홀의 깊은 중력 웅덩이 경계에서 입자와 반입자 쌍이 튀어나왔다고 생각해 봅시다. 그런데 하필이면 그중 반입자가 블랙홀 속으로 곧바로 빨려 들어가고 입자만 덩그러니 남게 됩니다. 짝을 잃어버린 입자는 곧바로 쌍소멸을 할 수 없습니다. 사라지지 못한 입자는 결국 길을 잃고 블랙홀 바깥 우주를 헤매게 됩니다. 이러한 일이 실제로 블랙홀 주변 시공간에서 벌어진다면, 우리는 마치 블랙홀이 주변으로 무언가를 방출하는 것처럼 보게 됩니다. 바로 이것이 호킹이 이야기했던 블랙홀이 '빛을 내는' 방법입니다.

물리학에서 온도를 머금은 물체가 사방으로 에너지를 발산하는 것을 '복사'라고 합니다. 복사라는 단어는 '바큇살 복'이라는 한자를 사용하는데, 마치 바큇살처럼 사방으로 고르게 에너지를 뿜어낸다는 뜻에서 이렇게 부릅니다. 호킹이 이야기했던 블랙홀이 빛을 내는 메커니즘은 그의 이름을 따서 '호킹 복사'라고 부릅니다. 비록 블랙홀 자체가 열을 품는다고 할 수 없지만, 블랙홀이 주변 시공간에 에너지를 뿜어낼 수 있게 된다면 블랙홀에게 온도라는 것을 정의할 수 있습니다. 블랙홀이 주변 시공간에 얼마나 많은 입자를 내보내는지만 알 수 있다면 우리는 블랙홀의 온도를 잴 수 있는 것이죠.

블랙홀이 호킹 복사를 하고 있다면, 그것은 곧 블랙홀도 결국 천천히 에너지를 발산하면서 자신의 에너지를 잃어야 한다는 것을 의미합니다. 즉, 블랙홀도 천천히 사라질 수밖에 없다는 것이죠. 블랙홀은 영원하지 않습니다. 우주에서는 그 무엇도 영원하지 않습니다. 블랙홀이 호킹 복사로 천천히 자신의 질량을 감소시키고 사라지는 과정을 '블랙홀의 증발'이라고 부릅니다. 만약 블랙홀의 전체 질량이 0이 될 때까지 호킹 복사가 충분히 긴 시간 동안 진행된다면, 비로소 블랙홀은 완벽하게 사라지게 되는 것입니다.

그렇다면 블랙홀 주변에서 호킹 복사는 정말 벌어지고 있을까요? 많은 물리학자는 호킹의 예측에 동의하지만, 실제로 관측되기는 어렵다고 생각합니다. 호킹 복사는 블랙홀의 질량이 가벼워질수록 빨라집니다. 오히려 블랙홀의 질량이 무거울 때는 매우 느리고 천천히 진행됩니다. 현재 우주에 있는 거의 모든 블랙홀은 무겁습니다. 적게는 태양 질량의 수십 배에서 많게는 태양 질량의 수억 배에 이르기까지 몹시 무겁죠. 이처럼 무거운 블랙홀이 완벽하게 사라지려면 우주의 나이보다 훨씬 더 긴 시간이 필요합니다. 즉, 아직까지 실제 우주에서 완벽하게 증발된 블랙홀의 사례는 거의 없다고 봐도 됩니다.

아직 우리가 블랙홀이 완벽하게 증발하는 순간을 볼 수 없는 또 다른 중요한 이유가 있습니다. 열은 항상 온도가 높은 곳에서 낮은 곳으로 흐릅니다. 그런데 현재 우주에 존재하는 블랙홀들은 호킹 복사가 미미하게 벌어지고 있기 때문에 오히려 우주 자체 온도보다 블랙홀의 온도가 더 낮습니다. 예를 들어, 태양 질량 정도의 블랙홀이 있다면 그 블랙홀의 호킹 복사 온도는 겨우 0.000006K뿐입니다. 우리은하 중심에 있는 블랙홀이라면 어떨까요? 우리은하 중심에는 대략 태양 질량의 400만 배 수준의 블랙홀이 있습니다. 이 정도 질량이라면 그 블랙홀의 호킹 복사 온도는 0.00000000000015K밖에 안 됩니다. 거의 0도나 다름없죠. 그런데 우리 우주 자체의 온도는 그에 비해 살짝 더 높습니다. 우주 자체의 배경 온도는 평균 2.7°C 수준입니다. 우주 자체의 배경이 블랙홀보다 살짝 더 뜨겁죠. 그래서 재미있는 일이 벌어집니다. 열은 온도가 높은 곳에서 낮은 곳으로 흐른다고 했습니다. 열이 블랙홀에서 우주 공간에 방출되는 게 아니라, 블랙홀이 더 뜨거운 우주 배경으로부터 열을 흡수합니다. 열을 흡수하면서 오히려 블랙홀의 에너지는 더 올라가게 되고, 블랙홀의 질량이 줄어드는 게 아니라 더 무거워지게 됩니다.

즉, 블랙홀의 증발을 지금 당장 볼 수 없는 이유는 단순히 블랙홀의 증발이 너무 느리기 때문만이 아닙니다. 애초에 아직 우주가 덜 식어서, 블랙홀의 온도보다 더 뜨겁다 보니 블랙홀이 식을 수 없는 시기이기 때문입니다. 본격적인 블랙홀의 증발이 벌어지기 위해 앞으로 우주가 더 팽창하고 식어야만 가능합니다. 단순하게 계산해 보면, 앞으로 5,500억 년은 더 지나야 우주 배경의 온도가 우리은하 중심 블랙홀보다 내려갑니다. 그때가 되면 우리은하 중심 블랙홀이 우주 공간으로 에너지를 발산하면서 질량을 잃기 시작할 것입니다. 하지만 블랙홀의 호킹 복사를 실제 관측으로 확인할 수 있는 가능성이 없지는 않습니다. 비록 육중한 대부분의 블랙홀은 호킹 복사가 너무나 미미해 지금 당장의 호킹 복사를 볼 수 없겠지만, 만약 훨씬 가벼운 블랙홀이 있다면 가능합니다. 호킹 복사를 통해 방출하는 온도가 우주 배경보다 더 뜨거워지기 위해서는 블랙홀이 얼마나 가벼워야 할지를 계산해 볼 수 있습니다. 간단하게 구해서 지구 질량의 약 75% 수준으로 가벼운 블랙홀이라면 가능합니다. 이는 달보다 살짝 작은 수준입니다. 즉, 소행성 정도로 훨씬 가벼운 블랙홀이어야만 우리가 당장 호킹 복사를 확인할 수 있습니다. 그러면 과연 이렇게 가벼운 블랙홀이 존재할까요? 천문학자들은 존재한다고 생각합니다.

우리가 지금 보고 있는 은하 중심의 거대한 블랙홀도 처음부터 이렇게 무겁지 않았을 것입니다. 분명 과거에는 더 가벼웠지만, 오랜 세월 동안 덩치를 키우고 또 블랙홀끼리 서로 충돌하고 반죽되면서 무거워졌을 것이라 생각합니다. 그렇다면 당연히 빅뱅 직후에는 이제 막 탄생한 가벼운 블랙홀들이 있었을 것입니다. 소행성 정도, 심지어 더 작은 원자핵 수준의 질량을 갖는 블랙홀도 있었을 테죠. 천문학자들은 이러한 과거의 작은 블랙홀을 '원시 블랙홀'이라고 부릅니다. 그리고 이것이 오늘날 우주에 존재하는 모든 블랙홀의 씨앗이었다고 생각합니다. 물론 그사이 대부분의 원시 블랙홀은 모두 덩치 큰 블랙홀로 반죽되었습니다. 하지만 아직도 미처 반죽되지 못하고 남은 원시 블랙홀 일부가 찌꺼기처럼 있다면 우리는 그 블랙홀 곁에서 호킹 복사를 볼 수 있을지 모릅니다.

호킹 복사는 블랙홀의 질량이 가벼워질수록 더 거세집니다. 그래서 블랙홀이 천천히 호킹 복사를 하며 계속 질량이 가벼워진다면, 점점 호킹 복사의 빛은 걷잡을 수 없이 강해집니다. 처음에 블랙홀이 무거웠을 때는 우주 배경에 비해 더 미지근할 정도로 호킹 복사의 효과가 미미했지만, 점차 블랙홀이 증발하고 가벼워지면서 매우 강력한 에너지를 발산하게 됩니다. 그래서 만약 빅뱅 직후, 초기 우주에 가벼운 원시 블랙홀이 있었다면 그들은 강력한 빛을 뿜어내면서 증발했어야 합니다. 천문학자들은 초기 우주의 모습을 알 수 있는 먼 우주를 관측하면서, 과거 완벽하게 증발하며 사라진 원시 블랙홀의 섬광을 포착할 수 있을 것이라 기대합니다. 호킹이 예견했던 원시 블랙홀이 존재했다면, 그들이 사라지면서 토해 낸 섬광은 매우 밝았어야 합니다. 아무리 먼 거리에 있더라도 충분히 보여야 하죠. 그래서 원시 블랙홀과 그들의 호킹 복사를 실제 관측으로 확인하는 것은 호킹의 가설을 입증하고 완성하기 위한 마지막 과제로 남아 있습니다.

블랙홀이 빛을 낼 수 있다는 새로운 가능성을 보여 준 호킹 복사가 매력적인 이유는, 바로 물리학의 가장 미스터리한 두 기둥이라 할 수 있는 양자역학과 상대성 이론을 연결하기 때문입니다. 블랙홀은 원자핵보다 더 작습니다. 그래서 블랙홀 주변에 극단적으로 왜곡된 시공간에서 벌어지는 효과를 이야기하려면 작은 존재를 이야기하는 미시 세계의 양자역학이 필요합니다. 동시에 블랙홀은 중력이 너무나 강합니다. 블랙홀의 중력은 지구와 태양계에서 경험할 수 있는 것과 차원이 다릅니다. 블랙홀의 끔찍한 중력을 설명하려면, 아인슈타인의 상대성 이론을 건드려야 합니다. 오랫동안 양자역학은 작은 것들을 위한 물리학으로, 상대성 이론은 거대한 것들을 위한 물리학으로 여겨졌습니다. 전혀 다른 스케일을 이야기하기 때문에 두 물리학은 각자에게 주어진 별개의 우주를 이야기했을 뿐, 화해하지 못했습니다. 여전히 많은 물리학자는 양자역학과 상대성 이론이 하나가 되는 순간, 우주의 모든 비밀을 이해하게 될 것이라 기대합니다. 아인슈타인도 죽기 직전까지 이 모든 이론에 매달렸지만 결국 답을 찾지 못했습니다. 그런데 블랙홀은 마치 그 실마리를 품은 것처럼 보입니다. 양자역학과 상대성 이론, 두 가지를 동시에 적용해야만 이해할 수 있기 때문입니다.

아쉽게도 호킹도 아인슈타인의 못다 이룬 꿈을 해결하지 못한 채 세상을 떠났습니다. 그러나 호킹은 블랙홀이 얼마나 매력적인 실험 무대인지를 보여 주었습니다. 블랙홀은 우주에서 가장 작은 동시에 가장 거대하다는 사실을 다시 한번 상기시켜 주었죠. 호킹은 영국의 웨스트민스터 사원에 묻혔습니다. 호킹의 옆에는 영국뿐 아니라 인류의 과학을 대변하는 두 위대한 거장, 찰스 다윈^{Charles Darwin}과 아이작 뉴턴이 함께 있습니다. 호킹의 묘비에는 그가 발견했던 블랙홀의 온도, 호킹 복사의 수식이 새겨져 있습니다.

호킹 복사는 미적으로도 참 아름답습니다. 물리학에서 쓰이는 거의 모든 상수가 한데 모여 매우 간단한 수식을 이룬다

블랙홀과 천체

는 점에서요. 그의 묘비에 새겨진 수식은 우리를 강하게 끌어
당기는 블랙홀 같은 묘한 힘을 가졌습니다.

3장

/

164

/

블랙홀은 얼마나
무거울 수 있을까?

블랙홀이라고 하면 항상 끔찍할 정도로 무거운 존재를 상상합니다. 물론 우리가 우주에서 볼 수 있는 대부분의 블랙홀은 무거운 편입니다. 태양 질량의 수십 배부터 수십억 배에 이르는 상당히 무거운 질량을 품죠. 하지만 블랙홀이라고 해서 반드시 무겁기만 한 것은 아닙니다. 블랙홀을 정의하는 기준은 질량이 아닙니다. 질량이 무겁든 가볍든 상관없이 전체 질량이 한 점에 모여 응축되면 모두 블랙홀이라 부를 수 있습니다. 태양 질량의 수십억 배에 이르는 거대한 질량도, 동전 하나만큼 가벼운 질량도 그 전체 질량이 한 점에 모여 붕괴된 상태라면 모두 블랙홀입니다.

블랙홀과 천체

블랙홀은 끊임없이 주변의 물질을 집어삼킵니다. 블랙홀 속에 빨려 들어간 물질이 대체 어떤 상황에 놓일지 정확히 알 수 없습니다. 아직 그 누구도 블랙홀 속에 들어갔다가 살아 돌아온 사람은 없으니까요. 다만 블랙홀이 잡아먹은 물질이 홀연히 사라진 게 아니라면, 분명 그 질량만큼 블랙홀 전체 질량이 불어난다고 볼 수 있습니다. 블랙홀은 계속해서 물질을 집어삼키며 자신의 덩치를 키우는 셈이죠. 그렇다면 블랙홀은 무한정 계속 무거워질 수 있을까요? 만약 우주에 오래전부터 탄생한 블랙홀이 있었다면, 지금껏 계속 물질을 집어삼키고 결국 언젠가 우주 전체 질량만큼 무거운 블랙홀도 존재할 수 있지 않을까요? 블랙홀 '덕후'들에게는 실망스러울지 모르지만 그것은 불가능합니다. 아무리 블랙홀이라고 해도 무한정 무거워질 수 없습니다.

블랙홀의 강한 중력에 붙잡힌 물질들은 곧바로 블랙홀의 깊은 구멍 속으로 빨려 들어가지 않습니다. 강한 중력으로 한동안 빠른 속도로 블랙홀 주변을 맴돌게 됩니다. 속도가 충분히 빠르다면, 계속해서 블랙홀 중력과 아슬아슬한 줄다리기를 하면서 궤도를 유지할 수 있습니다. 다만 워낙 속도가 빠르다 보니, 블랙홀 주변 안팎의 물질들이 빠르게 마찰을 일으키고 뜨겁게 가열됩니다. 블랙홀 자체는 중력이 워낙 강해서 빛조차 빠져나가지 않는 깊은 어둠이지만, 블랙홀 주변에 붙잡힌 물질들은 뜨겁게 달궈진 채 그 온도에 해당하는 빛을 낼 수 있습니다. 이렇게 블랙홀 주변에 형성된 밝게 빛나는 물질의 원반을 '강착 원반'이라고 합니다. 보통 강착 원반의 온도는 태양 표면 온도에 맞먹는 5,000~6,000K까지 올라갈 수 있습니다. 이 정도 온도라면 멀리서도 충분히 그 빛을 감지할 수 있죠. 천문학자들이 블랙홀의 존재를 관측으로 확인할 수 있는 것도 모두 이 강착 원반의 존재 덕분입니다. 만약 블랙홀 주변에 아무것도 없고, 블랙홀이 별다른 먹잇감을 잡아먹지 않는다면 우리는 블랙홀을 확인할 길이 마땅히 없습니다. 우주 공간에 홀로 떠 있는 블랙홀은 빛을 내지 않으니까요. 블랙홀 주변에 밝게 빛나는 강착 원반이 있을 때, 블랙홀의 존재를 더 쉽게 알아챌 수 있습니다.

밝게 빛나는 강착 원반은 그만큼 주변에 강한 에너지를 방출합니다. 보통 블랙홀은 거대했던 별이 순식간에 중력 붕괴를 하면서 만들어집니다. 일반적인 별들은 지구처럼 천천히 한쪽 방향으로 자전합니다. 그런데 별이 거의 0에 가까운 크기로 수축하게 되면, 회전 반경이 너무나 짧아진 나머지 회전 속도가 매우 빨라져야 합니다. 블랙홀 자체는 크기가 0이기 때문에 우리가 일반적으로 생각하는 회전을 정의하기 어렵지만, 많은 천문학자는 블랙홀의 각운동량을 그대로 보존하고 있을 거라 추정합니다. 블랙홀은 자신의 자전축을 따라 위아래로 길게 뻗은 강력한 자기장을 형성할 수 있습니다. 그리고 블랙홀 주변의 뜨거운 강착 원반에서 플라스마Plasma 이온 상태가 된 입자들이 자기장을 따라 빠르게 분출되기 시작합니다. 이때 빛의 속도와 가깝게 에너지가 분출되는데, 이것을 '블랙홀의 제트'라고 합니다. 그래서 블랙홀 주변에서는 흥미로운 일이 벌어집니다. 블랙홀은 마냥 물질을 집어삼키기만 하는 존재가 아닙니다. 지나치게 많은 먹잇감을 삼키게 되면 어느 순간 다시 바깥으로 에너지를 토해 내기 시작하죠. 이것은 블랙홀이 무작정 덩치를 키울 수 없게 조절하는 역할을 합니다. 블랙홀이 더 빠르게 물질을 집어삼킬수록 그만큼 더 강한 에너지가 사방으로 방출되면서 균형을 이루기 시작합니다. 블랙홀이 물질을 집어삼킬 수 있는 한계를 '에딩턴 한계Eddington limit'라고 합니다. 이 한계를 넘어설 정도로 블랙홀이 덩치를 키우는 것은 불가능합니다. 순수하게 태양보다 무거웠던 별이 죽음을 맞이하고 붕괴하면서 만들어지는 블랙홀의 경우, 아무리 무거워도 태양 질량의 20~30배를 넘을 수 없다고 추정합니다.

여기에서 한 가지 흥미로운 고민이 생깁니다. 우주에는 분명 그보다 압도적으로 더 무거운 블랙홀들이 있습니다. 대표적으로 우리은하를 비롯한 대부분의 은하 중심에 살고 있는 초거대 질량 블랙홀입니다. 이들은 정말 압도적인 질량을 가졌기 때문에 이러한 이름으로 불립니다. 순수하게 무거운 별 하나가 붕괴하는 것만으로 거대한 질량을 만들 수 없습니다. 실제로 별 하나가 붕괴해서 만들어지는 별 질량 블랙홀과 달리, 은하 중심에서 발견되는 초거대 질량 블랙홀의 존재는 여전히 천문학의 큰 미스터리 중 하나입니다.

　한동안 천문학자들은 매우 간단한 상황을 상상했습니다. 비교적 설명이 쉬운 별 질량 블랙홀들이 우선 은하 중심에서 높은 밀도로 만들어진 다음, 다시 작은 블랙홀들끼리 서로의 중력에 이끌려 합체하면서 지금의 초거대 질량 블랙홀이 되었을 것이라 생각했습니다. 얼핏 보면 자연스러운 설명처럼 들리지만 그렇지 않습니다. 만약 이 가설이 맞다면, 별 질량 블랙홀이 모여 초거대 질량 블랙홀로 성장하는 중간 과정의 중간 질량 블랙홀도 다수 발견되어야 합니다. 그런데 아직까지 중간 질량 블랙홀은 대개 발견되지 않습니다. 블랙홀의 세계에서 태양 질량의 1천~1만 배 수준에 해당하는 중간 질량 블랙홀은 마치 사라진 것처럼 보입니다. 중간 질량 블랙홀이 정말 우주에 존재하지 않는 것이라면, 초거대 질량 블랙홀을 설명하기 위해 기존의 방식과 전혀 다른 기원을 고민해야 합니다. 크기가 작은 블랙홀이 병합하는 방식 대신, 초기 우주에 존재하던 매우 거대한 가스 구름이 순식간에 붕괴하면서 한꺼번에 초거대 질량 블랙홀이 만들어졌다는 방식으로 설명해야 합니다. 하지만 아직 이 가설의 직접적인 증거는 부족합니다. 적어도 아직까지는 블랙홀의 세계에서 어중간한 것은 허락되지 않는 듯합니다.

블랙홀의 사진은
어떻게 찍을까?

'블랙데이'를 아시나요? 한창 기념일을 만드는 게 유행하던 시절에 생겼던 생경한 기념일 중 하나입니다. 블랙데이는 4월 14일이죠. 블랙데이 4일 전인 4월 10일은 천문학자들에게 뜻깊은 날입니다. 마침 블랙데이와 이름도 비슷한 '블랙홀 데이'인데요, 이날은 지난 2019년 4월 10일에 인류가 처음으로 블랙홀의 실제 모습을 관측한 사진을 발표했던 날을 기념하는 날입니다. 천문학자들은 지구 남반구와 북반구 전역에 깔린 전파 망원경을 총동원하는 사건의 지평선 망원경으로 블랙홀 사진을 찍는 데 성공했습니다. 우리은하 중심과 우리에게서 5,500만 광년 거리에 떨어진 타원 은하 M87 중심에 있는 초거대 질량 블랙홀의 모습을 촬영했죠. 천문학자들은 이 초상화 속 블랙홀에게 '포웨히 ^{Powehi}'라는 이름을 지어 주었습니다. 이 이름은 하와이 신화에서 '빛으로 장식된 깊이를 알 수 없는 어둠의 창조물'이라는 잘 어울리는 뜻을 가졌습니다. 당시 천문학자들이 공개했던 블랙홀의 모습은 마치 불그스름하게 잘 구워진 글레이즈드 도넛을 떠올리게 합니다. 그래서 천문학자들은 매년 4월 10일이 되는 날 도넛을 먹으면서 블랙홀의 사진이 최초로 공개되었던 역사적인 순간을 기념합니다.

다만 여기서 조금만 더 깊게 생각해 보면 블랙홀 사진을 촬영했다는 것이 이상하게 들릴 수 있습니다. 블랙홀은 중력이 너무 강한 나머지 빛조차 바깥으로 빠져나가지 못하게 사로잡는 존재니까요. 사진을 찍어서 모습을 확인하려면 빛이 나야 합니다. 하지만 블랙홀은 빛나지 않죠. 그렇다면 대체 블랙홀의 사진을 어떻게 찍은 걸까요? 흥미롭게도 블랙홀 사진을 촬영한 과정을 이해하기 위해서는 물리학자가 아닌, 화가 파블로 피카소 $^{Pablo\ Picasso}$를 떠올릴 필요가 있습니다. 블랙홀의 초상화가 만들어진 과정은 놀라울 정도로 피카소의 그림과 닮았기 때문입니다. 이 이야기를 이해하기 위해서는 우선 여러 이론을 살펴봐야 합니다.

지구를 벗어나는 로켓은 엄청난 엔진을 순식간에 태우면

서 빠르게 하늘 높이 올라갑니다. 지구의 중력을 벗어나기 위해 필요한 최소한의 지구 탈출 속도 이상의 속도를 만들기 위함이죠. 만약 지구보다 더 중력이 강한 목성, 토성과 같은 곳에서 로켓을 쏘려고 한다면 지구에서보다 더 강한 추력이 필요합니다. 중력이 매우 강한 블랙홀이라면 엄청난 속도가 필요하겠죠. 심지어 우주에서 가장 빠른 빛의 속도로 탈출을 시도해도 결코 벗어날 수 없습니다. 또 중력은 거리가 가까울수록 강해집니다. 그래서 블랙홀에서 멀리 벗어난 지점이라면 블랙홀의 중력을 두려워할 필요는 없습니다. 블랙홀에서 멀리 떨어진 곳이라면 블랙홀의 중력을 벗어나기 위해 필요한 탈출 속도보다 느리기 때문이죠. 하지만 블랙홀에 점점 가까이 접근할수록 블랙홀을 벗어나기 위한 탈출 속도는 끝없이 올라갑니다. 블랙홀에 얼마나 가까이 접근해야 비로소 빛의 속도로 벗어날 수 없는 수준에 이르게 되는지 그 한계 범위를 '블랙홀 주변 사건의 지평선'이라고 부릅니다. 사건의 지평선 바깥에서는 빛이 블랙홀 곁을 떠날 수 있지만 그 안에서는 불가능합니다. 사건의 지평선 안에서 무슨 일이 벌어지는지 우리는 절대 목격할 수 없습니다. 보통 천문학자들이 블랙홀의 크기라고 이야기하는 것이 바로 이 사건의 지평선 크기입니다. 정확히 말하자면 블랙홀 자체는 크기가 없다고 봐야 합니다. 크기가 0이죠.

블랙홀과 천체

한 점에 모든 질량이 무한에 가까운 높은 밀도로 뭉쳐 있는 일종의 초고밀도 코딱지라고 볼 수 있습니다. 블랙홀 자체의 질량이 무겁고 중력이 강해질수록 사건의 지평선은 더 멀리 뻗어 나갑니다. 따라서 블랙홀이 가진 중력의 세기는 사건의 지평선 크기로 대변할 수 있습니다. 천문학자들이 관습적으로 사건의 지평선 크기를 블랙홀의 크기로 부르는 것이 바로 이 때문입니다. 사건의 지평선 크기를 수학적으로 처음 규명했던 물리학자 카를 슈바르츠실트Karl Schwarzschild의 이름을 따서 '슈바르츠실트 반지름'이라고도 부릅니다.

블랙홀이 끌어당긴 많은 물질은 강착 원반을 이루며, 블랙홀 곁을 빠르게 맴돕니다. 강착 원반은 역학적인 균형을 이룹니다. 블랙홀의 강한 중력은 물질을 안쪽으로 끌어당기지만 강착 원반의 빠른 회전은 물질이 바깥으로 튀어 날아가는 가상의 힘, 원심력을 만듭니다. 그래서 이 두 힘이 아슬아슬한 균형을 이루는 동안 강착 원반의 물질은 계속 블랙홀 곁에 머무를 수 있습니다. 그런데 블랙홀 주변 슈바르츠실트 반지름의 1.5배 거리 이내로 접근하면 빛, 즉 광자는 블랙홀 주변에 머무르기 어려워집니다. 이 거리를 기준으로 광자도 결국 블랙홀 속에 사로잡힐지, 블랙홀 바깥으로 벗어날 수 있을지 운명의 갈림길에 놓입니다. 블랙홀 주변에서 빛이 새어 나올 수 있는지 없는지를 가르는 경계라고 볼 수 있죠. 중력은 사방으로 고르게 작용하기 때문에 이 경계도 정중앙의 블랙홀을 중심으로 둥글게 형성됩니다. 이렇게 블랙홀 주변에서 빛을 볼 수 있는 한계 범위를 '광자 고리'라고 부릅니다. 우리가 빛, 즉 고전적인 전자기파로 사진에 담을 수 있는 블랙홀의 모습은 사실 여기까지가 한계입니다.

아인슈타인의 상대성 이론에 따르면 중력은 시공간을 휘고 왜곡시킵니다. 이 글을 읽는 당신도 분명 질량을 가졌습니다. 그 질량만큼 당신 주변의 시공간을 미세하게 왜곡시키고 있죠. 물론 그 정도가 너무 미미해서 관측할 수 없을 뿐입니다. 덩치가 크고 무거워질수록 주변 시공간에 더 큰 영향을 주는데, 블랙홀처럼 압도적인 중력을 가진 괴물이라면 주변 시공간에 가하는 영향력을 쉽게 확인할 수 있습니다.

보통 일반적인 별에서는 별빛이 곧게 뻗어 나갑니다. 그중에서 우리 지구를 향해 날아오는 모습만 보기 때문에 우리는 항상 별의 앞모습만 볼 수 있습니다. 우리에게서 등을 돌린 별의 뒤통수에서 날아온 빛은 볼 수 없습니다. 하지만 블랙홀의 경우는 다릅니다. 블랙홀의 광자 고리 바깥에서 새어 나오는 빛줄기들이 어떤 경로를 그리며 퍼져 나가는지를 그려 보면 놀라운 사실을 알 수 있습니다. 우리가 블랙홀을 바라볼 때, 우리가 보는 블랙홀의 앞쪽 얼굴에서 날아온 광자는 그대로 우리의 시선으로 날아옵니다. 그런데 블랙홀의 뒤통수에서 날아온 빛도 극단적으로 왜곡된 시공간을 타고 방향을 꺾다시피 해서 우리의 시선에 들어올 수 있습니다.

이처럼 블랙홀 주변 광자 고리에서 생기는 빛이 우리의 시선으로 날아오면서 퍼지는 영역을 그려 보면 대략 슈바르츠실트 반지름의 2.6배 정도 영역에 퍼집니다. 실질적으로 지구에서 블랙홀을 바라볼 때 망원경의 검출기에 담을 수 있는 블랙홀의 모습은 여기까지입니다. 바로 이 영역을 '블랙홀의 그림자'라고 부릅니다. 우리가 정작 보고 싶은 블랙홀의 위치는 이 둥근 블랙홀의 그림자 한가운데 숨어 있습니다. 2019년 천문학자들이 공개했던 붉은 도넛을 닮은 블랙홀의 모습은 엄밀히 말하면, 사실 블랙홀 자체의 모습이었다기보다 블랙홀 주변에 극단적으로 왜곡된 시공간의 효과로 만들어진 빛의 고리, 블랙홀의 그림자 경계였습니다.

블랙홀 주변에서 빛의 경로가 뒤집힐 정도로 휘어지는 극단적인 중력 렌즈 현상은 영화 〈인터스텔라〉에 등장한 가르강튀아 블랙홀의 모습으로 설명할 수 있습니다. 영화 속 블랙홀의 모습을 떠올려 볼까요? 가운데 새까만 구가 하나 있습니다. 이것이 앞서 설명한 슈바르츠실트 반지름, 즉 사건의 지평선의 경계를 나타냅니다. 그 안에서는 빛이 새어 나오지 않기 때문에 밖에서 봤을 때 깊은 어둠처럼 보입니다. 그리고 그 바깥에 밝게 빛을 내면서 블랙홀 주변을 빠르게 맴도는 강착 원반이 펼쳐져 있습니다. 마치 토성 주변에 거대하고 얇은 고리가 둘러진 것과 비슷합니다. 그런데 영화 속 강착 원반의 모습을 보면 조금 이상합니다. 단순히 블랙홀 주변에 납작한 훌라후프처럼 에워싸고 있지 않습니다. 블랙홀의 위와 아래에도 고리가 휘어진 이상한 모습을 가졌죠. 이것은 앞서 설명한 블랙홀 주변의 극단적인 중력 렌즈 현상을 영화에서 적극적으로 표현했기 때문입니다. 블랙홀 주변의 빛줄기는 경로가 매우 심하게 휘어집니다. 만약 중력 렌즈 효과를 고려하지 않았다면, 블랙홀의 모습은 토성 주변에 고리가 있는 것처럼 블랙홀의 옆에만 원반이 얇게 둘러싼 모습으로 표현되었을 것입니다. 블랙홀 앞을 지나가는 강착 원반의 절반은 볼 수 있지만, 블랙홀 뒤에 가려진 강착 원반의 절반은 볼 수 없었을 것이죠. 그런데 블랙홀 주변에 휘어진 시공간을 따라 뒤에 가려져 보이지 않아야 할 강착 원반의 뒷부분까지 보이게 됩니다.

결국 블랙홀은 강한 중력으로 정면의 얼굴뿐 아니라 시야에 가려져 볼 수 없었을 옆모습과 뒷모습까지 한 시야에 담아 보여 줍니다. 앞서 잠깐 언급했듯 이러한 블랙홀의 초상화는 사람의 옆모습과 앞모습, 뒷모습을 한 캔버스 위에 표현하고자 했던 큐비즘의 대가 피카소의 그림을 떠올리게 합니다. 블랙홀의 초상화는 빛이라는 물감과 중력이라는 붓으로 완성한, 중력의 큐비즘 작품이라고 볼 수 있지 않을까요?

지구 주변에서 초신성이 터지면
어떻게 될까?

태양계 주변의 우주 공간을 관측하던 천문학자들은 태양계가 아무것도 없는 텅 빈 가스 거품 속에 갇혀 있다는 것을 발견했습니다. 지상의 광학 망원경과 전파 망원경으로는 아무것도 보이지 않았지만, 뒤이어 우주로 올라간 엑스선 망원경들은 태양계 주변의 사방에서 쏟아지는 선명한 엑스선 신호를 검출했습니다. 이는 태양계가 밀도가 낮고 온도가 높은 커다란 거품과 같은 공동 속에 갇혔다는 것을 의미합니다. 1천 L 용량의 탱크로리에 원자 하나만 있는 수준으로 밀도가 낮습니다. 천문학자들은 태양계 주변에서 약 300광년 크기의 땅콩 모양으로, 둥근 거품이 두 개가 맞붙은 이 거품을 '로컬 버블Local bubble'이라고 부릅니다.

먼지가 가득 쌓인 바닥에 바람을 후 불면 먼지가 불려 나가면서 둥근 빈 공간이 만들어집니다. 태양계를 에워싼 이 거대한 로컬 버블도 마치 무언가 과거에 성간 가스 물질들을 불어 밀어내면서 만든 텅 빈 공간처럼 보입니다. 그렇다면 대체 왜 태양계는 이러한 거품 속에 갇히게 되었을까요? 최근 천문학자들은 바로 이 로컬 버블이 그리 멀지 않은 과거, 태양계 주변에서 폭발했던 초신성이 남긴 흔적이라고 추정합니다. 이 로컬 버블은 가시광과 전파에서는 신호가 약하지만, 엑스선으로 관측하면 사방에서 강한 신호가 검출됩니다. 분명 과거에 강한 엑스선을 방출하면서 태양계 주변 성간의 우주 먼지들을 밀어내며 둥근 공동^{Void}을 만든 우주적인 이벤트가 있었음을 암시합니다. 하지만 이러한 엑스선 신호는 초신성 폭발이 아닌 태양풍에 의해서도 만들어질 수 있습니다.

태양에서 불어 나온 태양풍 속 전기를 띤 이온 입자들이 우주 공간 속을 떠돌던 중성 가스 원자 곁을 지나면서 중성 원자의 전자를 빼앗아 갑니다. 이러한 전하 교환^{Charge exchange} 과정에서 중성 원자의 전자를 훔쳐 온 태양풍의 이온 입자는 엑스선을 방출하죠. 그래서 천문학자들은 태양계를 가득 에워싼 이 거대한 로컬 버블 속 엑스선이 과연 태양풍에 의한 것인지, 아니면 초신성 폭발이 남긴 것인지를 확인하기 위해 엑스선 검출기를 지구 바깥 우주로 띄웠습니다. 2012년 작은 사운딩 로켓에 실려 우주로 올라간 'Diffuse X-rays from the Local Galaxy^{DXL}' 미션은 지구 너머로 퍼져 나가는 태양풍 속 엑스선의 흔적을 검출했습니다. 그 결과 흥미롭게도 로컬 버블 속의 엑스선 흔적 중 약 40%가 태양풍에 의한 것으로 확인되었습니다. 이를 제외한 나머지 60%는 태양풍이 아닌 다른 원인, 바로 과거 이 주변에서 폭발했던 초신성의 흔적으로 추정할 수 있습니다!

현재 천문학자들은 로컬 버블 속 엑스선의 분포와 전체 범위를 볼 때 약 300~400광년 떨어진 꽤 가까운 곳에서 지금으로부터 약 200~300만 년 전에 초신성 하나가 폭발한 것으로 추정합니다. 이는 현재 겨울철 밤하늘에서 갑작스럽게 밝기가 어두워지면서 곧 초신성 폭발을 하지 않을까 기대하는 베텔게우스(거리 640광년)보다 무려 절반 이하로 더 가까운 거리입니다. 정말로 이렇게 가까이에서 초신성이 폭발했다면 분명 지구에도 그 영향이 적지 않았을 것입니다. 물론 당장 초신성 폭발의 충격파에 휩싸여 행성이 다 날아갈 정도로 위험한 '킬러존'에 지구가 들어간 것이 아니기 때문에 지금까지 잘 살아남을 수 있었지만 분명 이 폭발은 지구에 흔적을 남겼을 것입니다. 그리고 흥미롭게도 최근 지구와 달 표면에서 이 초신성의 흔적으로 보이는 징후가 발견되었습니다.

초신성이 폭발할 때는 철과 같은 무거운 원소들이 만들어집니다. 철은 보통 질량수가 56인 철-56이 대부분입니다. 그보다 질량이 조금 더 작거나 무거운 동위 원소들도 있지만, 훨씬 불안정하고 반감기가 짧기 때문에 드뭅니다. 이러한 동위 원소 중에는 초신성이 터질 때 만들어지는 철-60도 있습니다. 과거 아폴로 미션 때 달에서 가져온 달 표면의 샘플과 태평양 깊은 바다 퇴적층에서 바로 이 철-60의 흔적이 발견되었습니다. 채취한 토양과 암석의 연령에 따라 그 안에서 검출된 철-56 대비 철-60의 함량을 비교해 보면 더욱 흥미로운 사실을 확인할 수 있습니다. 나이가 약 200만 년 정도 된 암석에서 유독 철-60의 상대적인 함량이 높게 나타납니다. 800만 년 된 암석에서도 작지만 살짝 높은 함량이 확인되죠.

이러한 경향은 달 표면 샘플과 태평양 심해 퇴적층에서 모두 동일하게 나타납니다. 즉, 분명 지금으로부터 약 200만 년 전 지구와 달 표면에 철-60이라는 흔치 않은 동위 원소를 흩뿌린 어떤 우주적인 이벤트가 벌어졌음을 암시합니다. 이 200만 년 전이라는 시기는 앞서 로컬 버블의 관측을 통해 별도로 추정한 지구 주변 초신성의 폭발 시기와 비슷합니다. 천문학자들은 현재 지구와 달 표면에 남아 있는 이 철-60의 흔적으로 초신성의 모습을 추정했습니다. 행성상 성운 형태의 가스 구름을 남기기 직전 별이 점점 크게 부풀어 오르는 점근 거성 Asymptotic Giant Branch, AGB 별이나, 백색왜성이 폭발하는 Ia형 초신성 폭발도 철-60을 남기기는 합니다. 하지만 이러한 종류의 폭발이 남기는 철-60의 함량은 상대적으로 적으므로 현재까지 지구와 달 표면에 그 흔적을 남기기 위해 훨씬 더 가까운 약 10~30광년 거리 안에서 이러한 폭발이 있었어야 합니다.

아직까지 지구가 무사한 것을 보면, 지구와 달에 철-60을 흩뿌렸던 이벤트는 이렇게 가까이에서 벌어진 것은 아닌 듯합니다. 이러한 가능성을 배제하고 나면 남는 가능성 한 가지는 바로 육중한 별이 그 중심핵으로 붕괴하면서 폭발하는 핵 수축 초신성 Core-collapse Supernova, CCSN 입니다. 현재 천문학자들은 태양보다 10~20배 정도 더 질량이 무거웠던 별이 약 300광년 거리에서 초신성이 되어 폭발했고, 그 당시 발생한 철-60과 같은 초신성의 별 먼지가 우주 공간을 날아와 지구와 달 표면에 그 흔적을 남겼던 것으로 추정합니다. 물론 300광년이라는 거리는 아주 먼 거리입니다. 하지만 가장 가까운 별이 4광년이나 떨어진 우주 전체적인 관점에서 보면 300광년의 거리는 그리 멀지 않은 거리입니다. 게다가 태양이 수백만 년 동안 만드는 에너지를 순식간에 토해 내는 강력한 초신성 폭발과 같은 현상이 이렇게 가까운 거리에서 벌어졌다면, 분명 지구에도 다양한 영향을 끼쳤을 것입니다.

현재 많은 이의 관심을 받고 있는 오리온자리의 베텔게우스가 정말 폭발하게 된다면 지구의 밤하늘에서도 그 모습을 어렵지 않게 볼 수 있을 것입니다. 물론 아직 터지지도 않은 초신성의 실제 밝기 변화를 예측하는 것은 어렵습니다. 하지만 천문학자들은 최근 1987년 마젤란 은하에서 폭발한 초신성 1987A의 당시 밝기 변화 양상을 토대로 베텔게우스 초신성의 밝기 변화를 추정했습니다. 만약 지구의 밤하늘에서 그 모습을 보게 된다면 베텔게우스는 반달 정도의 밝기, 보름달에 비해 9배 정도 어두운 밝기에 도달할 것으로 추정됩니다. 물론 넓은 달 원반에 밝기가 퍼져 보이는 달과 달리 베텔게우스는 모든 밝기가 한 점에 집중된 점광원, 즉 별입니다. 따라서 밝기의 밀집도가 더 높아서 금성보다 더 밝게 약 세 달 동안 지구의 밤하늘에서 어렵지 않게 볼 수 있을 것입니다.

일부 동물학자들은 이처럼 갑자기 밤하늘에 밝은 천체가 새롭게 나타나면 하늘의 달빛이나 별을 보고 방향을 잡는 곤충이나 새 들에게 영향을 줄 수 있다고 이야기합니다. 초신성 폭발이 단순히 중성 미자나 엑스선, 감마선 등 전자기파 형태의 영향만 줄 뿐 아니라 직간접적으로 지구 동식물의 생태에도 영향을 줄 가능성이 있다는 흥미로운 주장입니다.

　게다가 이렇게 가까운 곳에서 터진 초신성 폭발이 인류의 진화에 지대한 영향을 주었을지도 모른다는 추측도 있습니다. 가까운 곳에서 터진 초신성 폭발은 강한 에너지로 날아오는 우주선 입자들을 방출합니다. 이때 날아온 일부 우주선 입자들이 지구 대기권의 분자를 때리면서 지구 대기권 분자들은 전자를 더 많이 잃거나 얻게 됩니다. 그러면 지구 대기권 분자들은 전기적으로 더 강한 전하를 띠게 되며, 땅과 구름 사이를 오고 가는 전류의 흐름이 더 빈번해지면서 번개가 자주 일어날 수 있습니다.

　일부 천문학자들은 약 200만 년 전 지구와 달을 휩쓸었던 바로 그 초신성 폭발의 여파로 당시 지구에 번개가 더 자주 내리쳤고, 그 결과 지구 곳곳의 숲과 산에 산불이 자주 일어났을 것이라고 추측합니다. 결국 당시까지 주로 나무 위에서 생활하던 인류의 조상들이 타고 다닐 나무가 대부분 사라지며 땅으로 내려올 수밖에 없었고, 초신성이 야기한 예상치 못한 진화압력으로 인해 두 발로 걷게 되었다는 것입니다.

천문학자 칼 세이건 Carl Sagan 이 이야기했듯, 우리는 모두 초신성이 남긴 별 먼지가 모여 만들어진 존재입니다. 빅뱅 직후 현재까지, 지난 130억 년이 넘는 긴 세월에 걸쳐 수많은 초신성이 터졌고, 그 폭발이 남긴 다양하고 무거운 원소가 모이고 모여 우리가 만들어졌습니다. 우리 몸속에는 초신성들의 유훈이 고스란히 새겨져 있습니다. 하지만 어쩌면 초신성의 역할은 단순히 지구 생명체를 만드는 재료를 남기고 가는 데에 지나지 않았던 것일지도 모릅니다. 그 별 먼지가 모여 만들어진 과거 인류의 조상들은 갑자기 지구 하늘에서 폭발한 초신성 덕분에 허리를 펴고 두 손에 자유를 얻게 되었을지도 모릅니다. 초신성은 자유로워진 두 손에 도구를 쥐어 준 셈입니다. 그렇게 직립 보행을 시작한 인류는 이후로도 초신성이 남겨 준 철과 같은 금속을 활용해 더욱 더 발전된 기술 문명으로 도약할 수 있었습니다. 우리는 지금 이 순간에도 초신성에게 빚을 지고 살아가는 셈입니다.

3장

4장

우주 탐사와
인류의 도전

보이저 탐사선은 10억 년 뒤 어디로 가게 될까?

2023년 겨울, 천문학자들에게 슬픈 소식이 들려왔습니다. 약 50년 전 지구를 떠나 꿋꿋하게 홀로 태양계 바깥 우주를 향해 떠나고 있는 보이저 1호에게서 비정상적인 신호가 날아온 것이죠. 보이저는 플루토늄 방사선이 붕괴할 때 나오는 열로 전력을 얻습니다. 태양계 바깥의 끝없는 어둠을 항해할 예정이었기 때문에 처음부터 태양 빛을 받아 전력을 충전하는 방식을 채택하지 않았습니다. 하지만 이미 오랜 세월이 지나면서 방사선 붕괴 전지의 효율이 크게 떨어졌습니다. 겨우 자신의 상태를 모니터링할 수 있는 최소한의 장비만 켜 둔 채 연명하던 보이저는 2023년 겨울부터 심각한 문제를 일으키기 시작했습니다. 원래는 0과 1이 반복되는 이진법 신호를 보내야 하지만, 언제부턴가 0만 반복되는 무의미한 신호를 보내기 시작했습니다. 어쨌든 신호가 날아온다는 것은 보이저가 완전히 죽지 않았다는 것을 의미했지만, 그것은 무의미한 생존 신고일 뿐 과학적인 데이터는 얻을 수 없는 상황이었습니다.

안타깝게도 이미 인간의 손을 한참 벗어난 보이저를 직접 고치러 떠날 수도 없었습니다. 현재 보이저 1호는 지구에서 약 240억 km 거리를 두고 떨어진 상황입니다. 빛의 속도로 날아간다고 해도 22시간이 넘게 걸리는 거리입니다. 지구에서 보이저를 향해 명령어를 보낸 다음 회신을 받기까지 44시간을 기다려야 하죠. 보이저와 신호를 주고받으며 제어를 하는 엔지니어들은 남다른 인내심이 필요할 것입니다. 결국 보이저를 되살리기 위해 지구에서 원격으로 고쳐야 합니다. 하지만 먼 거리에 떨어진 고물 탐사선을 손도 대지 않고 고친다는 건 거의 불가능합니다. 그런데 끈질긴 천문학자들은 그 일을 해내고 말았습니다. 결국 우주 쓰레기로 버려질 것이라 생각했던 보이저는 다시 올바른 신호를 보내기 시작했습니다. 죽지도 못하는 좀비 같은 탐사선이죠.

당시 보이저에서 벌어진 문제는 그 안에 탑재되어 있던 세 대의 주요한 컴퓨터 중 하나인 비행 데이터 시스템에서 발생한 것으로 보입니다. 이 컴퓨터는 보이저에 탑재된 각종 센서로 과학 정보와 공학적인 정보를 취합하고 그것을 다시 지구로 전송하기 위한 이진법 데이터로 변환하는 역할을 수행합니다. 그런데 이 컴퓨터를 작동하게 하는 코드에서 메모리 오류가 발생하면서 문제가 생겼습니다. 보이저는 아주 먼 길을 떠나고 있기 때문에 긴 세월 동안 수집하는 데이터의 양이 어마어마하게 많습니다. 그래서 굳이 모든 여행 기간 내내 수집한 데이터를 지우지 않고 계속 메모리에 쌓아 둘 필요가 없죠. 더 정확히 말하면, 그러한 데이터를 저장할 수 있을 정도로 거대한 메모리를 실을 수 없었습니다. 그래서 보이저에는 전원을 한 번 끄고 다시 켜면 그 이전까지 저장되었던 데이터가 모두 사라지는 일종의 휘발성 메모리가 탑재되어 있습니다. 이러한 방식의 메모리를 탑재해 우주로 날아간 최초의 탐사선이죠. 탐사선에 데이터를 계속 쌓아 두지 않고 수시로 지구에 새로운 신호를 보내면서 제한된 메모리 용량을 최대한 활용하는 전략입니다. 그런데 2023년 겨울, 이 메모리에서 예상치 못한 문제가 벌어졌고 컴퓨터가 작동을 멈춘 것입니다. 원래 보이저에는 비행 데이터 시스템 컴퓨터를 여분까지 총 두 개를 넣어 두었습니다. 하지만 안타깝게도 백업용으로 함께 들어갔던 컴퓨터는 이미 1981년에 망가졌습니다. 그래서 당시 문제를 단순히 백업용 컴퓨터로 대체하는 방식으로는 해결할 수 없었습니다.

　이 난감한 사태를 해결하려면 일단 컴퓨터 코드의 정확히 어느 부분에서 에러가 발생했는지, 그 에러의 위치를 확인해야 했습니다. 엔지니어들은 끈질기게 보이저의 코드를 뒤지면서 데이터를 분석했고, 마침내 어느 부분에 이상이 있었던 것인지를 찾아냈습니다. 다행히 전체 코드의 약 3%에 해당하는 메모리에서 문제가 벌어지고 있었고, 이것은 보이저 컴퓨터에 탑재된 칩 하나에서만 문제가 벌어진다는 것을 의미했습니다. 이를 해결하기 위해 엔지니어들은 한 가지 묘수를 떠올렸습니다. 문제가 발생한 칩은 건드리지 않고 다른 메모리만 우회하는 방식으로 기존의 코드를 손보는 것입니다. 즉, 코드 안에서 실행 파일의 경로만 살짝 바꿔서 고장 난 칩은 건드리지 않게 했습니다. 그렇게 수정된 명령어는 다시 지구의 거대한 안테나에서 날아가 보이저에게 닿았습니다. 그리고 보이저는 지구인들이 보낸 명령에 따라 성실하게 작동 방식에 변화를 주었고, 마침내 자신의 상태가 무사하다는 신호를 보내오기 시작했습니다. 태양계 너머 성간 우주로 진입하는 탐사선에 손 한번 대지 않고도 원격으로 고칠 수 있다니, 정말 놀랍지 않나요?

　태양계를 감싸는 혜성의 구름, 오르트 구름의 안쪽 경계까지 보이저가 진입하기 위해서는 앞으로도 3천 년 가까운 긴 항해를 이어 가야 합니다. 오르트 구름의 바깥 경계를 벗어나기까지 무려 7만 년 가까운 시간이 남았습니다. 만약 10억 년을 더 기다린다면, 앞으로 보이저는 어디쯤에 다다르게 될까요? 한때 태양계 바깥에서 날아온 천체로 밝혀지면서 큰 주목을 받았던 오우무아무아의 정체를 두고, 외계인들의 우주선일 가능성을 언급하며 논란을 일으켰던 천문학자 아비 로엡^Avi Loeb^은 간단한 궤도 계산으로 보이저의 미래를 예측했습니다. 그는 우리은하 원반 속 별들의 질량 분포, 태양계와 주변 별들의 움직임을 고려해 약 10억 년 뒤 보이저가 우리은하 원반에서 정확히 현재 태양계가 위치한 곳의 정반대에 놓이게 될 것이라고 계산했습니다.

즉, 반세기 전 인류가 날려 보낸 인공 물체가 우리은하 원반을 가로질러 태양계로부터 그 정반대에 다다르기 위해 앞으로도 10억 년을 더 기다려야 한다는 뜻입니다. 이 정도로 먼 미래가 된다면, 이미 태양은 거대하게 부풀고 지구의 대기권과 바다는 메마른 상태일지도 모릅니다. 이미 지구에서는 그 어떤 생명체도 살지 않는 시대가 되었겠죠. 만약 운 좋게 10억 년간 보이저가 꿋꿋하게 여행을 이어 가고, 우리은하 반대편에 사는 외계인에게 우리가 보냈던 보이저 탐사선의 편지가 무사히 도착하게 되더라도 그들이 보낸 답장을 확인할 인류는 모두 사라진 이후일 것입니다.

　이러한 슬픈 계산 결과로 우리는 또 다른 추측을 해 볼 수 있습니다. 우리은하 곳곳에 적지 않은 외계 문명들도 우리처럼 자신들의 고향 항성계 바깥으로 다양한 성간 탐사선을 띄우고 있을지 모른다는 사실입니다. 로엡이 기대했듯이 오우무아무아도 외계인들의 우주선이었을지도 모르죠. 결국 수억 년 가까운 긴 시간이 지난 끝에 은하계 반대편에 위치한 우리에게 그들이 보낸 우주선과 편지가 도착할지도 모릅니다. 하지만 그 정도로 긴 시간이 지났을 경우, 편지를 보냈을 외계인들도 우주에서 자취를 감춘 이후일 가능성이 높습니다. 결국 10억 년 뒤 보이저는 어디까지 다다를 것인가라는 질문을 따라가다 보면, 언젠가 또 다른 미지의 존재가 태양계로 보낸 메시지가 안전하게 도착하기를 바라는 것은 무리한 기대일 수 있다는 생각을 하게 됩니다. 이처럼 우주의 광막한 스케일과 끝없는 외로움을 몸소 보여 주는 보이저는 지금도 묵묵히 자신의 여행을 이어 가는 중입니다.

2024년 NASA의 제트 추진 연구소 전임 소장을 맡은 에드워드 스톤Edward Stone이 88세의 나이로 세상을 떠났습니다. 그는 태양계 바깥으로 떠나가는 보이저 탐사선 프로젝트를 맡은 과학자로 유명하죠. 스톤의 최대 관심사는 태양과 우주 공간의 상호 작용이었습니다. 태양이 사방으로 토해 내는 태양풍이 은하계 공간을 채우는 성간 입자들과 어떻게 상호 작용하는지에 많은 관심을 가졌습니다. 그래서 태양풍의 영향이 잦아들면서 성간 우주로 새롭게 정의할 수 있는 먼 세계로 날아간 보이저 탐사선을 맡은 것입니다. 한편 스톤은 정반대로 수성 궤도보다 더 안쪽으로 들어가, 태양 바로 앞에서 태양 활동을 감시하는 '파커 솔라 프로브^{Parker Solar Probe}'라는 프로젝트도 직접 이끌었습니다. 덕분에 스톤은 인류 역사상 태양에 가장 가까이 다가간 탐사선, 그리고 태양으로부터 가장 멀리 도망간 탐사선, 둘 모두를 직접 이끌었던 유일한 과학자로 남게 되었습니다. 스톤에게 한 뼘은 태양계 정도 크기입니다.

우주에 어떤 동물을
보내야 할까?

우주는 너무나 위험합니다. 그래서 오랫동안 인류는 사람을 직접 우주에 보내기 전, 동물을 먼저 보내는 실험을 시도했습니다. 그렇다면 어떤 동물이 우주여행에 가장 적합할까요? 하늘을 날지 못하는 지상 동물이 인간의 손에 의해 강제로 땅에서 발을 떼게 되었던 사건은 무려 18세기까지 거슬러 갑니다. 1783년 프랑스의 몽골피에 형제는 군중들이 모인 베르사유 궁전 앞에서 놀라운 실험을 선보였습니다. 그들은 직접 만든 거대한 열기구에 양과 닭, 오리 등 다양한 동물을 태웠습니다. 그들의 열기구는 10분 동안 1천 m 상공까지 올라가 하늘을 비행했고 다시 땅으로 내려왔습니다. 다행히 그 안에 탄 동물들은 무사했습니다. 지상 동물이 땅이 아닌 하늘을 날고 무사히 살아 돌아온 최초의 실험이었습니다.

20세기가 되면서 인류는 대기권을 넘어 우주를 넘보기 시작했습니다. 그리고 인류가 우주 환경에 노출되기 전, 우주의 위험성을 테스트하기 위해 많은 동물이 희생되었습니다. 소련의 스프트니크 2호에는 길을 떠돌던 유기견 출신의 라이카가 타고 있었습니다. 당시 소련은 라이카가 무사히 살아서 우주여행을 했다고 거짓 발표를 했지만 실상은 훨씬 끔찍했습니다. 라이카는 우주에 다다르기도 전, 발사 과정에서 극심한 진동과 스트레스를 견디지 못했고 이미 숨이 멎은 채 우주를 떠돌았습니다. 그 이후로 고양이, 생쥐, 침팬지, 도마뱀, 거북이 등 다양한 동물이 인류보다 앞서서 우주 공간을 체험했습니다. 그렇다면 앞으로 살아 숨 쉬는 생명체는 얼마나 더 먼 우주까지 다다를 수 있게 될까요?

보이저, 파이어니어, 뉴호라이즌스 등 인류의 여러 탐사선이 태양계 가장자리 너머 성간 우주로 진입하고 있지만 여전히 갈 길이 멉니다. 지금 기술로는 아무리 빨리 가더라도 수 광년 떨어진 이웃 별까지 가는 데만 수만 년이 넘는 긴 시간이 걸립니다. 그래서 NASA는 성간 우주를 더 혁신적으로 실현시키기 위한 새로운 항법을 고민합니다. 대표적으로 '스타샷Starshot'이라는 프로젝트가 있습니다. 스타샷 프로젝트의 아이디어는 비교적 간단합니다. 우선 작고 가벼운 큐브 위성을 올립니다. 이 위성에는 거대한 얇은 돛과 같은 장치가 연결되어 있습니다. 지구 정지 궤도에 안착한 위성은 서서히 거대한 돛을 펼칩니다. 지구에는 강력한 레이저를 발사하는 기지가 있습니다. 그곳에서 궤도에 떠 있는 큐브 위성의 돛을 향해 밝은 빛을 발사합니다. 빛도 에너지를 가졌기 때문에 일종의 압력을 만들 수 있습니다. 이 빛의 압력을 받아 마치 바람에 밀려 돛을 단 배가 순항을 하듯이 우주 공간을 빠르게 가로질러 여행을 시작할 수 있습니다. 돛을 충분히 크게 만들 수만 있다면, 스타샷은 최대 광속의 4분의 1까지 속도를 높일 수 있습니다. 얼핏 생각하면 이러한 엄청난 속도를 만들기 위해 그만큼 강력한 출력의 레이저가 필요할 듯하지만 그렇지 않습니다. 최근의 설계에 따르면 지구 정지 궤도에 떠 있는 우주 돛을 밀어내기 위해서는 딱 몇 분 동안만 대략 100GW의 출력으로도 충분합니다. 이 정도면 미국 전체 국민이 하루 동안 사용하는 전체 전력의 0.01%에 불과합니다. 미국 시민들이 딱 1~2분만 잠시 정전에 협조를 해 준다면 지금이라도 충분히 실현할 수 있는 방법입니다.

우주 탐사와 인류의 도전

게다가 우주 돛의 크기를 더 키울 수만 있다면 방법은 훨씬 간단해집니다. 이미 수백 m에서 수 km까지 다양한 크기의 우주 돛 설계가 논의되는 중입니다. 이처럼 광속의 4분의 1까지 속도를 끌어올린 스타샷은 태양계 바깥 가장 가까운 이웃별인 프록시마 센타우리까지 약 40년이면 다다를 수 있습니다. 물론 한 사람에게 40년은 결코 짧은 세월이 아니지만, 수만 년을 기다려야 하는 기존의 항법과 비교했을 때 매우 혁신적으로 시간을 절약할 수 있는 방법입니다. 만약 스타샷 프로젝트에 작은 큐브 위성뿐 아니라, 살아 있는 생명체를 함께 실어서 보내야 한다면 그 첫 번째 선발대로 누구를 고를 수 있을까요?

스타샷의 성간 여행을 버티려면 까다로운 신체검사를 통과해야 할 것입니다. 지구를 벗어나 잠시 지구 정지 궤도에 머무는 동안 무중력 상태를 버텨야 하고, 광속의 4분의 1에 가까운 빠른 속도로 가속되는 동안에는 반대로 엄청난 가속도를 버텨야 합니다. 매우 다른 두 가지의 극단적인 상황을 모두 견딜 수 있어야 하죠. 무중력이 되면 생명체 속의 액체는 오직 액체 자체의 표면 장력에 의해서만 모입니다. 그래서 원활한 열과 양분의 교환이 어려워지고, 몸속의 액체가 혼합되지 못하면서 생명 활동에 큰 문제를 일으킵니다. 하지만 크기가 작은 박테리아와 같은 생명체들은 잠깐의 적응 기간만 버티면 지상에서와 별반 다르지 않은 생명 활동을 유지합니다. 게다가 박테리아는 덩치 큰 생명체들에 비해 가속도가 큰 상황에서도 몸이 으스러지거나 파괴되지 않고 잘 버틸 수 있습니다. 애초에 몸의 전체 질량이 매우 가볍기 때문에 가속도가 큰 상황에서도 별다른 중량을 느끼지 않기 때문입니다. 우주선이 광속에 가깝게 가속되면서 1~100만 G 수준의 가속도를 받게 되더라도 이러한 작은 생명체들은 살아남을 수 있습니다. 대표적으로 예쁜꼬마선충, 과일초파리, 물곰 또는 곰벌레라는 귀여운 별명으로도 유명한 완보동물이 있습니다.

오랜 세월 동안 지구의 자기장을 벗어나 우주 공간을 여행하는 것은 매우 위험한 일입니다. 태양계를 벗어나면 더 빠른 속도로 은하계 공간을 누비는 수많은 우주선 입자의 공격도 견뎌야 합니다. 이런 상황에서 에너지가 강한 감마선에 노출되었을 때 생명체들의 DNA가 얼마나 파괴되지 않고 버틸 수 있는지를 분석한 결과를 보면, 박테리아와 완보동물이 다른 생명체들에 비해 잘 살아남는다는 것을 알 수 있습니다. 또 이들은 탐사선이 빠른 속도로 항해를 하는 동안 성간 가스 구름 입자들과 부딪히며 탐사선 내부의 온도가 뜨겁게 가열되는 상황에서도 큰 피해 없이 살아남을 수 있습니다. 이러한 우주선 입자들에 의한 피해를 조금이나마 줄이기 위해 탐사선의 각도를 절묘하게 기울이는 방법이 가능합니다. 탐사선이 돛을 그대로 펼친 채 성간 입자들을 향해 돌진하면, 그만큼 입자들과 부딪히는 표면적이 넓어집니다. 그리고 피해가 커질 수 있죠. 이를 줄이기 위해 탐사선이 성간 입자들과 부딪히는 면적을 최대한 얇게 각도를 트는 것도 좋은 전략입니다.

박테리아와 완보동물이 배고픔을 오래 참을 수 있다는 것도 아주 좋은 장점입니다. 스타샷의 끔찍한 성간 여행에서는 충분한 기내식을 약속할 수 없기 때문입니다. 이 때문에 최대한 오랫동안 밥을 먹지 않아도 버틸 수 있는, 신진대사가 느린 생명체가 적절합니다. 긴 시간 동안 동면에 빠질 수 있는 생명체라면 더욱 좋습니다. 흔히 SF 영화를 보면, 긴 시간 우주를 항해하기 위해 주인공들이 동면에 드는 것을 볼 수 있습니다. 비록 인간은 해당 능력이 아직 없지만, 물과 산소가 거의 없는 상황에서도 죽지 않고 동면 상태를 유지할 수 있는 예쁜꼬마선충, 브라인 쉬림프, 그리고 몇몇 곤충과 완보동물이 우리를 대신해 성간 여행의 선발대가 될 수 있습니다. 특히 완보동물은 이러한 생명체들 중에서도 가장 낮은 신진대사율을 보입니다. 기내식을 매번 챙겨 주지 않아도 딱히 불평불만을 하지 않는 매우 좋은 승객이 될 것이죠.

앞서 나열한 흥미로운 특징들을 보면, 완보동물은 마치 처음부터 우주를 여행하기 위해 진화한 생명체가 아닐까 하는 생각이 듭니다. 하지만 사실은 그 반대일 가능성이 높습니다. 생명체를 기대할 가능성이 매우 낮은 남극의 추운 얼음 속이나 화산 주변의 극한 환경에서 살아가는 생명체들을 '극지 생물'이라고 합니다. 극지 생물들은 지구가 지금과 달리 비옥하지 않았던 수억 년 전부터 가혹한 지구의 환경을 그대로 견뎌낸 우리의 선배들입니다. 쉽게 말해 지구가 '지구' 같지 않았던 시절을 보낸 것이죠. 그 덕분에 역설적이게도 이들은 현재의 지구에서도 죽지 않고 가뿐하게 살아남을 수 있습니다. 먼 과거, 지금보다 훨씬 혹독했던 지구에 먼저 발을 붙이고 살아간 덕분에 우리보다 더 오래전부터 의도치 않게 성간 우주여행을 위한 준비를 한 셈입니다. 최첨단의 기술이 동원되어야 가능한 성간 우주여행에서 가장 적합한 승객이 이처럼 원시적인 생명체라는 점은 매우 흥미롭습니다.

이러한 장점 덕분에 현재 천문학자들은 완보동물을 스타샷 프로젝트에 처음으로 태워 보내는 선발대로 고민하고 있습니다. 이 프로젝트에는 완보동물을 비롯한 다른 미생물들도 함께 타게 될 것으로 보입니다. 이렇게 끈질긴 생명력을 자랑하는 극지 생물들이 탄 채로 스타샷 탐사선이 출발하게 된다면, 어쩌면 그것은 단순한 초미니 우주선일 뿐 아니라 지구 생명체들의 추억을 간직한 우주 방주의 역할을 하게 될지도 모릅니다. 완보동물이 지구를 떠난 뒤, 지구 생명체가 모종의 사연으로 갑자기 사라지게 되더라도 지구의 추억을 간직한 완보동물이 새로운 행성에 도착해 지구의 두 번째 역사를 시작하게 될지도 모르죠. 우연히 지구와 비슷한 외계 행성에 스타샷이 불시착하게 된다면, 우주 속 긴긴 겨울잠에서 깨어난 완보동물들이 또 다른 행성에서 새로운 터전의 씨앗이 되는 것입니다.

만약 완보동물이 도착한 외계 행성에 외계인들이 살고 있다면 어떨까요? 탐사선 안에서 꼬물거리는 완보동물을 보고 지구인이라고 착각할지도 모르겠습니다. 어쩌면 SF 영화 속에서 등장하는 징그러운 모습의 외계인들도, 사실 그들의 행성을 지배하는 주류 '외계인'이 아니라 외계인을 대신해 강제로 탐사선에 실려서 지구로 날아온 그들 세계의 완보동물, 극지 생물과 같은 처지였던 것은 아닐까요? 어쩌면 우주에서 벌어질지 모르는 모든 문명끼리의 조우는 이처럼 그들 세계에서 가장 적합한 선발대를 내세우면서 시작될지도 모릅니다.

오우무아무아는
어디에서 왔을까?

2017년 10월, 태양계에서 수상한 천체가 새롭게 포착되었습니다. 처음에는 흔한 소행성이나 혜성이 또 하나 더 발견된 줄 알았습니다. 하지만 그 천체는 놀랍게도 우리 태양계 안이 아니라 태양계 바깥 은하계를 가로질러 날아온 존재였습니다. 바로 지금껏 풀리지 않은 수많은 수수께끼를 남긴 의문의 존재, 오우무아무아에 관한 이야기입니다. 우연히 우주를 떠돌다 태양계를 잠시 스쳐 지나간 돌멩이였는지, 어떤 미지의 존재가 날려 보낸 우주선이었는지, 이제는 그 답을 확인할 수 없습니다. 짧은 태양계 순회공연을 마치자마자 쏜살같이 다시 태양계 바깥 먼 우주로 떠나 버렸기 때문입니다. 과연 오우무아무아의 정체는 무엇이었을까요? 애초에 어디에서 날아온 것일까요? 혹시 이 수상한 존재의 고향을 찾는다면 정체를 풀 중요한 실마리가 될 수 있지 않을까요? 흥미롭게도 최근 천문학자들은 오우무아무아의 여행 경로를 정밀하게 거꾸로 추적한 끝에 고향으로 의심되는 후보 지역을 특정하는 데 성공했습니다. 새롭게 제시된 오우무아무아의 고향은 어디에 있을까요?

오우무아무아의 여행 궤적을 결정하는 것은 결국 태양을 비롯한 우리은하 속 별들의 중력입니다. 따라서 은하계 모든 별이 가진 중력의 영향을 고려해 계산하면 어렵지 않게 오우무아무아가 날아왔을 여행 경로를 거꾸로 추적할 수 있습니다. 천문학자들은 인터스텔라 손님, 오우무아무아의 궤적을 거꾸로 추적하기 위해 여행 경로를 총 두 단계로 나누어 분석했습니다. 태양계 영향권에 포획되기 전과 후로 나누어 태양계에 진입하기 전까지 우리은하 속 모든 별의 중력 효과를 고려하고, 태양계에 붙잡힌 이후부터 주로 태양의 중력 효과만을 고려해 궤적을 계산했습니다. 우선 지금으로부터 100년 전까지 거슬러 올라가, 오우무아무아가 태양의 중력에 포획되던 순간까지의 궤적을 거꾸로 복원했습니다. 그 이후, 더 나아가 태양계에 포획되기 이전에는 은하계 전역에서 어떤 궤도를 그리며 여행했을지, 약 5억 년의 시간을 쭉 거슬러 올라가며 오우무아무아의 여행 경로를 모두 거꾸로 추적했습니다. 그 결과 천문학자들은 약 5억 년 전부터 우리은하 외곽을 살짝 찌그러진 타원 궤도로 돌면서 여행했을 우주 떠돌이, 오우무아무아의 여행 경로를 새롭게 복원했습니다. 새로 복원된 여행 궤적에 따르면 오우무아무아는 5억 년 동안 은하계를 여행하는 내내, 우리은하 원반에서 거의 벗어나지 않은 채 계속 은하 원반상에서 여행한 것으로 보입니다. 오우무아무아는 우리은하 원반에서 150광년 거리를 벗어나지 않았습니다. 우리은하 원반의 지름이 약 10만 광년인 것을 생각하면 우리은하 원반 위에서만 여행을 한 셈입니다. 이는 오우무아무아가 역학적으로 굉장히 어린 천체라는 것을 의미합니다.

우리은하 원반을 따라 도는 대부분의 별은 시간이 지나면서 곁을 지나가는 수많은 다른 별의 중력적 간섭 효과가 누적되어 조금씩 은하 원반의 위아래로 벗어나는 경우가 많습니다. 오랜 기간 우리은하 원반을 여행한 별일수록 원반에 수직으로 더 많이 요동치는 궤도를 갖게 되죠. 그런데 오우무아무아는 거의 원반에서 벗어나지 않는 궤도를 그립니다. 천문학자들은 가이아 위성으로 관측한 태양계 주변 80만 개 별들의 움직임과 비교해 오우무아무아의 역학적인 나이가 얼마인지 계산했습니다. 그 결과, 오우무아무아 정도로 원반에서 멀리 벗어나지 않는 궤도를 그리려면 역학적인 나이가 아무리 많아도 3,500만 년이 안 됩니다. 100억 년의 삶을 살고 있는 우리은하 전체 나이에 비하자면, 이 정도는 정말 찰나에 불과한 한참 어린 나이죠.

그렇다면 과연 오우무아무아가 날아오기 시작했을 고향, 즉 발원지도 특정할 수 있을까요? 천문학자들은 태양계 주변 50만 광년 거리 범위 안에 있는 27개의 별 무리, 성협들의 궤도를 분석했습니다. 일반적인 성단보다 규모가 작지만 별 여러 개가 함께 역학적으로 모여서 함께 움직이는 별 무리를 '성협 Star association'이라고 합니다. 이러한 성협은 하나의 거대한 분자 구름이 수축하면서 함께 만들어진 동갑내기 별들이 모여 사는 영역입니다. 천문학자들은 이 성협들이 과거 5억 년간 어떤 궤적을 그렸는지 똑같은 방식으로 복원했습니다. 그리고 앞서 추적한 5억 년간의 오우무아무아의 여행 경로와 궤적이 겹치는 성협이 있는지를 비교했습니다. 놀랍게도 27개의 성협 중에서 남쪽 하늘에 있는 용골자리 성협과 비둘기자리 성협 두 개의 위치가 오우무아무아의 위치와 매우 가까이서 겹치는 순간이 있다는 것을 발견했습니다. 용골자리 성협의 경우 지금으로부터 약 3,400만 년 전 시점에 오우무아무아와 같은 자리를 지났습니다. 비둘기자리 성협은 그보다 더 오래전인

4,200만 년 전에 오우무아무아와 같은 자리를 지났습니다.

앞서 설명한 것처럼, 오우무아무아는 역학적으로 어린, 즉 상대적으로 갓 성간 여행을 시작한 천체로 추정됩니다. 그리고 오우무아무아의 궤도만으로 추정되는 그 여행 출발 시기는 지금으로부터 약 3,400만 년 전 정도로 보입니다. 마침 이렇게 독립적으로 구한 오우무아무아의 역학적 나이와, 용골자리 성협과 위치가 겹치는 시기가 딱 3,400만 년 전 시점으로 정확하게 일치합니다. 이러한 분석을 근거로 천문학자들은 용골자리 성협과 비둘기자리 성협 둘 중에서 용골자리 성협이 오우무아무아의 고향일 가능성이 조금 더 높다고 판단했습니다.

오우무아무아가 워낙 미스터리한 천체이다 보니 이 천체를 두고 많은 이야기가 오갔습니다. 태양계 바깥에서 온 것은 확실하지만 정확히 어떤 특성을 가졌는지, 애초에 정말 평범한 우주 돌멩이가 맞는지도 확실치 않기 때문입니다. 그러다 보니 많은 사람이 오우무아무아 하면 항상 외계인의 우주선일지 모른다는 이야기에 빠져들고는 합니다. 하지만 오우무아무아가 중요한 이유는 따로 있습니다. 이 천체는 태양계 바깥에서 오래전 날아와 빠르게 태양 곁을 스쳐 지나간 다음, 다시 태양계를 떠났습니다. 이것은 우리 태양계가 바깥의 우주와 고립된 세계가 아니라는 것을 보여 줍니다.

태양계도 가끔 바깥세상과 물질을 주고받고 상호 작용하는 열려 있는 세상입니다. 오우무아무아는 단지 우리에게 처음 들킨 존재일 뿐, 아마 오래전부터 이렇게 항성 간 여행을 하다가 태양계를 들락거렸던 존재는 매우 많았을 것입니다. 마찬가지로 태양계를 떠돌던 크고 작은 돌멩이들과 얼음 조각들도 태양계를 떠나 또 다른 별 곁을 스쳐 지나갈 수도 있죠. 이러한 상호 작용으로 태양계는 다른 항성계들과 물질을 주고받습니다. 다른 별에 머무르던 물질이 수만, 수십만 년이 지난 끝에 우리의 태양계에 오게 되는 것입니다. 우리의 세상이 단지 눈앞에 놓인 재료만으로 이루어진 게 아니라는 것을 보여 주는 놀라운 증거입니다. 태양계는 다른 우주를 향해 활짝 열려 있습니다. 단지, 또 다른 손님을 맞이하기까지 긴 기다림이 필요할 뿐입니다.

스타링크 위성은
밤하늘 관측에 방해가 될까?

기업인 일론 머스크^{Elon Musk}는 로켓 재활용의 시대를 연 개척자입니다. 덕분에 로켓 개발 비용은 훨씬 절감되었고 더 쉽고 간편하게 인공위성을 궤도에 올릴 수 있게 되었습니다. 머스크는 NASA가 부담스러워했던 우주 개발 과제의 상당 부분을 대신 부담하면서 더 많은 탐사선과 우주 망원경을 띄울 수 있게 도와주고 있습니다. 그래서 흔히 천문학자들이 일론 머스크에게 호감을 갖고 있을 거라 생각합니다. 하지만 사실 그를 향한 천문학자들의 입장은 조금 복잡 미묘합니다. 우주 개발에 새로운 시대를 연 인물이지만 동시에 천문학자들에게서 밤하늘을 빼앗아 가는 존재이기도 하기 때문입니다.

현재 일론 머스크가 설립한 우주 탐사 기업 스페이스X는 지구 주변 상공 약 500~600km 채 되지 않는 저궤도에 인공위성을 수만 대 띄우는 일명 '스타링크STARLINK' 프로젝트를 이 끄는 중입니다. 이를 통해 지구 어디에서도 음영 지역 없이 와이파이를 사용할 수 있는 인터넷 복지를 실현하겠다고 밝혔습니다. 스타링크를 활용하면 도심뿐 아니라, 아무것도 없는 아마존 밀림이나 몽골의 사막에서까지 인터넷을 사용할 수 있게 됩니다. 그런데 스타링크는 필연적으로 우주 관측에 방해가 될 수밖에 없습니다. 우선 위성 인터넷의 세기를 강하게 하기 위해 위성이 낮은 고도에 떠 있어야 하는데요, 인공위성이 낮게 떠 있으면 하나의 인공위성이 커버할 수 있는 영역이 좁아집니다. 결국 음영 지역이 없도록 하겠다는 머스크의 원대한 계획을 실현시키기 위해서는 인공위성의 수를 늘릴 수밖에 없습니다. 이미 2024년 한 해에만 총 7천 개의 인공위성이 올라갔습니다. 이것은 전세계 하늘을 감싸게 될 위성의 3분의 2를 차지합니다. 계획에 따르면 최종적으로 스타링크 위성은 상시 4~6만 대까지 궤도에 올라 운용될 것이라고 합니다. 솔직히 말하면 천문학자의 입장에서 이것은 새로운 종류의 재앙이나 다름없습니다.

비교적 높지 않은 고도에 올랐기 때문에 인공위성의 표

면에 반사된 태양 빛이 매우 밝게 보입니다. 인공위성은 대부분 금속으로 만들어지기 때문에 태양 빛을 잘 반사합니다. 가끔 날씨가 맑은 날 밤하늘을 올려다보면 가만히 멈춰 있는 별들 사이로 무언가 작은 하얀 빛이 천천히 이동하는 것을 볼 수 있는데, 이것은 인공위성입니다. 인공위성은 맨눈으로도 충분히 볼 수 있을 정도로 지구의 밤하늘에서 상당히 밝게 보이죠. 하지만 천문학자들의 망원경이 겨냥하는 타깃은 인공위성보다 훨씬 어둡습니다. 맨눈으로는 절대 볼 수 없는 수천수만 광년, 심지어 수억 광년이 넘는 먼 거리에 떨어진 별과 은하를 겨냥합니다. 그만큼 천문학자들의 망원경은 어두운 빛까지 볼 수 있을 정도로 민감합니다. 이러한 망원경들에게 인공위성의 밝은 빛은 매우 치명적인 방해물입니다. 게다가 망원경이 어떻게 먼 천체를 겨냥해 관측하는지를 생각해 보면, 인공위성의 피해는 더 끔찍합니다.

지구가 자전하면서 밤하늘에 천체가 보이는 위치가 천천히 흘러갑니다. 그래서 천문학자들의 망원경은 긴 시간 동안 동일한 천체로부터 빛을 받기 위해 망원경의 고개를 지구 자전 속도에 맞춰 천천히 돌리며 천체를 추적합니다. 그러는 사이 인공위성은 지구 자전과 아무 상관 없는 별개의 속도로 빠르게 밤하늘을 가르고 지나갑니다. 그래서 망원경 시야 앞으로 인공위성이 지나가면, 밝은 빛의 긴 궤적이 시야를 잔뜩 채워 버립니다. 취미 삼아 장노출(사진을 찍을 때 노출 시간을 인위적으로 많이 주는 것)로 별 사진을 찍어 본 경험이 있다면, 하늘 위에 수시로 지나가는 인공위성과 비행기가 얼마나 짜증 나는 존재인지 잘 알고 있을 것입니다. 천체 사진가들도 멋지고 깨끗한 밤하늘의 사진을 얻기 위해 번거롭지만 인공위성과 비행기가 남긴 궤적을 하나하나 지우고 보정하는 작업을 거칩니다. 그런데 인공위성의 수가 수만 대에 이르게 된다면, 그것은 정말 끔찍한 상황이죠. 더는 인공위성이 없는 순수한 우주를 보는 건 불가능해졌습니다.

이미 스페이스X가 올린 스타링크로 인해 지상 망원경을 활용한 관측이 큰 피해를 보고 있습니다. 그중 칠레에 있는 CTIO 천문대로 찍은 사진이 유명합니다. 이 천문대는 우주가 얼마나 빠르게 팽창하는지를 보여 주는 암흑 에너지라는 중요한 미스터리를 풀기 위해 우주 전역의 은하를 관측합니다. 그런데 2019년 11월, 이곳의 망원경으로 찍은 사진이 공개되면서 천문학자들은 큰 충격에 빠졌습니다. 약 6분이라는 길지 않은 시간 동안 노출을 주고 얻은 사진에는 무려 19대나 되는 스타링크 위성들이 길게 남긴 하얀 궤적이 선명하게 남아 있었습니다. 스페이스X의 공격적인 우주 개발이 결국 천문학자들의 지상 관측에까지 영향을 준다는 것이 여실히 드러난 장면이었습니다. 스타링크로 인해 밤하늘을 잃게 될까 두려워하는 천문학자들은 실제로 스페이스X가 계획하는 모든 인공위성이 우주에 올라갔을 때, 우리가 밤하늘을 얼마나 포기해야 할지 미리 계산해 봤습니다. 그 결과 지구 전역의 모든 하늘에서 평균 30평 정도 되는 면적에 인공위성이 한 개씩 반드시 지나가게 됩니다. 지구 전역, 30평짜리 집집마다 인공위성이 하나씩 필수품처럼 자리를 차지하는 상황이나 다름없는 것입니다. 하늘을 빼곡히 채운 스타링크의 영향은 관측자가 지구의 어디에 있는지, 위도와 고도에 따라 달라집니다. 또 북반구와 남반구에 따라, 계절에 따라서도 인공위성에 태양 빛이 비춰지는 각도가 조금씩 달라지면서 피해 정도가 변할 수 있죠. 북반구에서는 겨울에, 적도 주변에서는 매일 한밤중 대략 6시간 동안 머리 위에 인공위성이 제일 적은 밤하늘을 즐길 수 있습니다. 하지만 여름이 되면 머리 위에 매 순간 수백 대가 넘는 인공위성이 떠 있는 상황이 펼쳐집니다. 그나마 30도 이내로 지평선에 가까운 낮은 하늘만 관측한다면, 시야에 걸리는 인공위성의 수를 줄일 수 있지만 천문학자들의 값비싼 망원경이 지평선 근처에 겨우 걸린 천체를 겨냥하는 경우는 거의 없습니다. 오히려 지평선 근처의 하늘은 도시 불빛이나 두꺼운 지구 대기권에 의한 별빛의 산란, 그리고 지평선 아래에 숨은 태양 빛이 산란하면서 하늘이 밝게 보이는 박명 효과 등 워낙 방해 요소가 많아 대부분의 관측은 더 높은 하늘에서 벌어집니다. 특별한 경우를 제외하고, 천문학자들의 망원경은 고개를 높이 들어 하늘을 바라봅니다. 그리고 그 위에는 반드시 인공위성과 스타링크가 있을 테죠.

스타링크의 무분별한 발사로 천문학자들이 그 피해를 고스란히 받는 이 상황은 우주 개발에 대해서도 개인의 자유와 정부의 적절한 규제가 새로운 균형을 찾아야 하는 게 아닐까 고민하게 만듭니다. 이미 머스크의 스페이스X뿐만 아니라, 블루 오리진과 같은 여러 민간 기업이 앞다투어 우주 개발에 뛰어드는 중입니다. 심지어 작은 규모의 스타트업까지 우주 개발에 도전하는 추세죠. 오랫동안 NASA와 같은 국가 기관이 독점했던 우주 개발이 이제 기업들에게 새로운 블루 오션이 된 셈입니다. 하지만 과도기인 만큼, 현재 당장 우주 개발에 뛰어드는 개인과 민간 기업을 향한 별다른 규제가 마련되지 않은 상황입니다. 항상 그렇듯 신생 분야에 대한 제도적 장치는 뒤늦게 만들어지니까요.

스타링크 위성으로 인해 고통받는 건 천문학자들뿐만이 아닙니다. 일상을 살아가는 당신에게도 피해를 줄 수 있습니다. 위성 인터넷의 세기를 올리기 위해 인공위성이 낮은 고도를 돌면서 지구 대기권의 마찰을 더 많이 받게 됩니다. 그만큼 인공위성은 속도가 빠르게 줄어들고 지상에 더 빨리 추락하게 되죠. 결국 스타링크 프로젝트는 애초부터 더 많은 우주 쓰레기를 양산할 수밖에 없는 운명을 가진 셈입니다. 그동안 모든 우주 발사체는 국가의 관리를 받았지만, 이제 누구나 비교적 저렴한 비용으로 올릴 수 있게 되었습니다. 그만큼 발사체 하나하나에 대한 체계적인 추적과 규제가 어려워질 수 있는 것이죠. 관리가 되지 않은 인공위성들이 다른 인공위성과 충돌하면, 걷잡을 수 없이 더 많은 우주 쓰레기를 만들어 내는 케슬러 신드롬^{Kessler syndrome}의 문제가 벌어집니다. 그렇게 된다면, 정말 머지않은 미래에 높은 빈도로 집 앞마당에 우주 쓰레기 파편이 떨어지는 일이 벌어지게 될지도 모릅니다.

2018년, 중국은 일명 가짜 달을 궤도에 올려 도시의 전력 생산에 들어가는 비용을 절감하겠다는 계획을 발표한 적이 있습니다. 밤 시간에도 태양 빛을 반사해 지상에 빛을 비춰 주는 거대한 반사판을 궤도에 띄워 전기를 쓰지 않고 도시의 밤을 밝게 비추겠다는 계획입니다. 당시 중국은 인공 달 프로젝트가 성공한다면, 매년 1억 7천만 달러의 전력 생산 비용을 절약할 수 있을 것으로 전망했습니다. 정말 엄청난 계획입니다. 그런데 거대한 가짜 달이 하늘에 떠오른다면, 당연히 우리나라를 비롯한 주변의 인접 국가들에서도 피해를 볼 수밖에 없습니다. 머리 위에 진짜 달과 가짜 달, 두 개의 달이 떠 있는 풍경을 보면서 살게 될지도 모르죠. 다행히 아직은 실현 가능성이 높아 보이지 않습니다. 실현 가능성이 높지 않은 이유는 우선, 계속해서 한 지역에 태양 빛을 비춰 주기 위해 지구 자전과 같은 속도로 지구 주변을 맴도는 지구 정지 궤도에 반사판을 띄워야 합니다. 지구 정지 궤도는 고도 약 3만 6천 km가 되고, 이는 저궤도를 도는 스타링크에 비해 훨씬 높은 고도입니다. 이 정도로 먼 거리에 띄운 반사판이 충분히 밝게 빛을 모아서 반사하기 위해 반사판의 실제 크기가 수 km 수준으로 커야 합니다. 하지만 아직은 이 정도로 거대한 반사판을 띄울 정도의 기술이 없습니다. 이러한 연유들로 당장 머리 위에 달이 두 개 뜨지 않을까 걱정할 필요가 없는 것이죠.

　1993년에 이미 러시아에서 중국의 가짜 달과 유사한 거대 인공 반사판을 우주 궤도에 띄우는 시도를 한 적이 있습니다. 러시아어로 깃발이라는 뜻을 가진 '즈나먀^{Znamya}'라는 이름의 인공위성입니다. 20m 크기의 거대한 반사판은 보름달이 떠 있을 때와 맞먹는 수준으로 태양 빛을 비추면서 5km 정도 크기의 작은 마을에 인공조명을 비추는 데 성공했습니다. 하지만 즈나먀 위성은 지구 정지 궤도가 아닌 스타링크처럼 저궤도를 돌았습니다. 그래서 계속 한 지역을 고정해서 비춰 줄 수 없었고, 시속 8km의 속도로 지구 전역을 맴돌았습니다. 한 도시가 인공조명의 혜택을 받을 수 있는 시간은 매우 짧았습니다. 이후에도 러시아는 조금 더 커진 25m 크기의 반사판을 띄우는 실험을 진행하기도 했지만, 불행 중 다행으로 그 위성은 로켓에서 분리되지 못했고 미션은 그렇게 막을 내렸습니다.

그렇다면 머스크는 지상 관측의 피해를 호소하며 불만을 이야기하는 천문학자들에게 어떤 반응을 보였을까요? 머스크는 굉장히 거리낌 없는 반응을 보였습니다. 인공위성이 어차피 하늘을 전부 다 가리지는 않을 거라면서 사이사이 빈틈으로 우주를 관측하면 되는 거 아니냐는 식이었죠. 천문학자 입장에서는 상당히 무례하고 황당한 답이었다고 생각합니다. 하지만 연이어 천문학계에서 불만이 쌓이면서, 현재 스페이스X는 태양 빛을 잘 반사하지 않는 소재로 인공위성을 만들어 올리는 식의 대안을 제시합니다. 하지만 이것도 완벽한 해답은 될 수 없습니다. 아무리 어두운 소재로 인공위성을 제작한다고 해도 지상 관측에 방해가 되는 건 마찬가지니까요. 수시로 어두운 인공위성이 배경 별을 가리고 지나가는 일종의 인공 엄폐가 발생한다면, 그 시간 동안 우리가 별을 볼 수 없는 건 똑같습니다.

이렇듯 최근 벌어지는 우주 조망권에 대한 논쟁을 보면서 천문학은 어쩌면 애초부터 그 존재가 굉장히 모순적인 학문일 수 있겠다는 생각이 듭니다. 수십억 광년 떨어진 머나먼 우주 끝에서 날아오는 희미한 빛을 담고, 우주의 탄생과 생명에 대한 탐구를 하려면 더 먼 우주로 탐사선을 보내기 위한 공학적 기술이 반드시 뒷받침되어야 합니다. 하지만 역설적이게도 본연의 우주를 온전히 즐기기 위해 인간의 기술이 가장 덜 침범하고 덜 발전된 원시적인 환경으로 도망가야 합니다. 그래서 전 세계 최대 규모를 자랑하는 대형 망원경들은 인간의 손길이 닿지 못하는 화산 꼭대기나 높은 고원의 메마른 사막, 극한의 추위로 얼어붙은 남극과 같은 곳에 위치합니다. 도시 불빛의 광공해가 스며들지 않도록, 인간의 손길에서 멀리 벗어나 오염되지 않은 곳에서 우리는 가장 조용하고 온전한 우주를 볼 수 있기 때문입니다. 별을 보기 위해서는 캘리포니아의 기술이 필요하지만, 정작 캘리포니아에서는 맑은 밤하늘을 볼 수 없습니다. 우주를 제대로 만끽하려면 몽골의 초원을 가야 하지만, 몽골의 초원에는 천문대를 지을 수 있는 기술이 없습니다. 더 멀고 어두운 태초의 우주를 보고 말겠다는 열망으로 우리는 그동안 우주를 개발했습니다. 하지만 정작 그렇게 발전된 인간의 기술은 이 지구에서 우주를 즐길 수 있는 장소를 하나 둘씩 지워 버리는 셈입니다.

페르시아에는 이런 속담이 있다고 합니다. "밤은 세상을 감추지만 우주를 꺼낸다." 하늘을 덮은 깜깜한 어둠은 우리의 활동성을 저하하고 포식자로부터의 위협을 높이지만, 낮 동안 밝은 태양 빛에 파묻혔던 우주의 장엄한 풍경을 드러냅니다. 하지만 유일하게 밤에만 즐길 수 있었던 별빛도 이제는 도시에서 새어 나오는 인공조명, 그리고 지구 저궤도를 가득 채워 나가는 인공위성의 빛으로 뒤덮이는 중입니다. 우리는 어쩌면 하늘에 뜬 별빛을 따다 모두 지상으로 옮겼던 것일지도 모릅니다.

우주에서도 별자리를 보고
길을 찾을 수 있을까?

평소 외계인이 등장하는 SF 영화나 드라마를 보면서 고개가 갸우뚱해지는 순간이 있습니다. 특히 외계인이 인간 앞에 처음 등장하면서 자신을 소개하는 장면에서 그렇습니다. 외계인들은 자신을 '오리온자리 종족', '전갈자리의 주인'이라는 식으로 소개하는 경우가 있습니다. 모두 지구인들이 사용하는 별자리로 자신의 고향을 소개하는데, 이것은 굉장히 어색한 설정입니다. 오리온자리가 오리온 모양으로 보이는 것과 전갈자리가 전갈 모양으로 보이는 것은 지구에서만 가능합니다. 지구의 하늘에서만 관측된다는 것이죠. 정작 그 별에 사는 외계인들에게는 지구의 하늘에서나 보이는 별자리가 어떤 모양일지 전혀 알 수 없습니다.

흔히 하나의 별자리를 이루는 별들이 실제 우주 공간에서도 비슷한 거리에 떨어져 가까이 모여 있다고 생각합니다. 하지만 전혀 그렇지 않습니다. 같은 별자리를 이루는 별들도 지구의 하늘에서 봤을 때만 비슷한 방향에 모여서 보이는 것일 뿐, 실제로는 전혀 다른 거리에 제각기 떨어진 경우가 더 흔합니다. 겨울 밤하늘에서 누구나 쉽게 알아볼 수 있는 오리온자리로 예를 들어 보겠습니다. 지구의 밤하늘에서는 오리온의 모든 별이 비슷한 거리에서 모인 것처럼 보입니다. 하지만 실제 거리를 보면, 오른쪽 겨드랑이의 주황빛 별 베텔게우스Betelgeuse는 지구에서 약 640광년, 반대쪽 왼쪽 겨드랑이 별 벨라트릭스Bella trix는 훨씬 가까운 250광년 떨어져 있습니다. 오리온의 허리띠 아래 아름다운 오리온 대성운은 그보다 훨씬 먼 1,300광년 거리에 있습니다. 이처럼 오리온자리의 별들은 서로 완전히 동떨어져 있습니다. 만약 우주선을 타고 지구를 벗어나 오리온자리를 이루는 별들을 빙 돌아 옆에서 바라본다면, 지구의 밤하늘에서 보던 것과 전혀 다른 모습으로 보일 것입니다. 지구인들을 만날 때 자신의 고향을 지구의 별자리 방식으로 소개하는 외계인은 정말 배려심이 깊은 친절한 외계인이라고 봐야 할 것입니다.

그런 점에서 많은 SF 영화 속 우주를 여행하는 주인공들이 지구에서 그린 별자리 지도를 갖고 길을 찾는 장면도 굉장히 어색한 옥에 티라고 볼 수 있습니다. 지구에서 그린 별자리 지도는 지구를 벗어나는 순간 쓸모가 없습니다. 지구 밤하늘의 별자리 지도는 중세 시대 항해사들에게나 유용할 뿐, 은하수를 여행하는 주인공들에게는 전혀 쓸모없습니다. 별들은 우주 공간에 입체적으로 놓여 있기 때문에, 특정 장소의 특정 방향에 따라 밤하늘의 모습이 달라집니다. 그리고 밤하늘의 모습은 보는 위치뿐 아니라, 언제 바라보는지에 따라서도 크게 달라지죠. 없던 별이 새롭게 탄생하거나 수명이 다한 별들이 우주에서 사라지면서 밤하늘의 지도는 계속 변화합니다. 또 우주의 모든 별은 각자 고유한 속도로 움직이면서 긴 세월에 걸쳐 조금씩 위치가 바뀝니다. 원래 있던 건물이 사라지고 새로운 건물과 도로가 생기기 때문에 내비게이션을 수시로 업데이트해 줘야 하듯, 밤하늘의 지도도 그 세월의 변화를 반영해 줘야 합니다.

이처럼 우리는 어느 곳, 어느 시점에서 우주를 바라보는지, 어떤 문화적 바탕에서 밤하늘을 살피는지에 따라 전혀 다른 관점으로 별들을 연결하고 그림을 그리며 이야기를 만들어 냅니다. 그렇다면 우리도 직접 남들이 그림을 그리지 않은 빈

구석에 나만의 별자리를 직접 만들어 추가할 수는 없을까요? 저 넓은 밤하늘 어딘가 한구석에 내가 만든 별자리 하나쯤 올려봐도 괜찮지 않을까요? 현재 천문학자들은 여러 문화권에서 중구난방으로 만들어 놓은 별자리들을 통합하여 88개로 이루어진 단 하나의 별자리 지도를 정해 놓았습니다. 혼란을 막기 위해 또 다른 별자리를 추가하는 것을 허락하지 않는 편이죠.

새로운 별자리를 추가하려는 시도가 없었던 것은 아닙니다. 2016년 세상을 떠난 영국 가수 데이비드 보위 David Bowie를 추모하면서 일부 팬들 사이에서 그의 별자리를 추가하자는 이야기가 나왔습니다. 보위는 '스타맨', '스페이스 오디티', '지기 스타더스트' 등 우주를 노래한 음악 작품으로도 많은 사랑을 받았습니다. 팬들은 1973년 발매된 보위의 앨범 '알라딘 세인'의 앨범 커버를 참고하여 번개 모양의 데이비드 보위 별자리를 만들었습니다. 봄철 처녀자리의 밝은 별 스피카 Spica를 포함하여 기존의 다른 별자리에 있는 별들을 새롭게 연결해 거대한 번개 모양을 그렸죠. 물론 국제천문연맹은 다른 별자리를 더 추가할 수 없다는 입장을 분명히 했습니다. 하지만 나만의 새로운 별자리를 만들어서 하늘에 새겨 놓을 수 있는 묘수가 하나 있습니다. 이미 맨눈으로 볼 수 있는 가시광으로 본 밤하늘에는 천문학자들이 박아 놓은 88개의 별자리로 다 채워졌으니, 가시광이 아닌 다른 파장으로 본 밤하늘을 노려보는 방법입니다.

실제로 2018년 천문학자들은 NASA의 페르미 감마선 우주 망원경의 10주년을 기념해 재미있는 작업을 진행했습니다. 페르미 우주 망원경을 통해 감마선으로 바라본 우주는 눈으로 바라본 우주와 전혀 다른 모습입니다. 페르미 망원경은 2015년 하늘 전역에서 포착한 밝은 감마선 광원 3천 개의 지도를 완성했습니다. 천문학자들은 이 밝은 감마선 광원들을 이어서 완전히 새로운 감마선 버전의 별자리 21개를 만들었습니다. 21세기 천문학자들이 감마선으로 본 밤하늘 별자리에는 재미있는 것들이 많습니다. 어린왕자자리, 새턴V로켓자리, 스타십 엔터프라이즈자리, 아인슈타인자리, 몰니르자리, 에펠탑자리, 고질라자리, 슈뢰딩거의 고양이자리…. 현대에 걸맞고 천문학자 특유의 감성이 물씬 묻어나는 재치 있는 별자리가 많죠. 억지로 별들을 이어 희한한 그림을 상상한다는 점에서 옛날 목동들이나 21세기 천문학자들이나 별반 다르지 않은 듯합니다.

아직 별자리 지도가 정해지지 않은, 다른 다양한 파장으로 바라본 밤하늘을 노려보는 것은 어떨까요? 만약 인간과 달리 적외선, 엑스선, 중력파 등 전혀 다른 파장 대역으로 세상을 바라보는 외계 생명체들이 있다면, 아마 그들은 전혀 다른 방식으로 별자리 지도를 그리고 그들만의 이야기와 신화를 상상하고 있을 것입니다.

중세 시대 점성술사들은 별자리를 하늘에 벽화처럼 새겨진 고정된 그림으로 생각했지만, 우주의 별들은 보는 위치와 시점, 그리고 어떤 파장의 빛으로 보는지에 따라 전혀 다르게 그려집니다. 별자리 지도는 그 지도를 그린 존재가 우주에 언제, 어디에서 사는 존재인지 특정하는 인식표의 역할을 할 수 있습니다. 오늘날 우리가 사용하는 별자리는 우주 전체에서 지구라는 행성 단 한 곳에서만, 우주의 나이가 138억 년인 지금 시점에만, 그리고 가시광으로 우주를 바라보는 존재에게만 의미가 있을 뿐입니다. 언젠가 지구 생명체가 모두 사라진 먼 미래가 되었을 때 외계인 고고학자들이 지구의 별자리 지도를 발견하게 되는 상상을 합니다. 그 외계인 고고학자들은 먼 옛날 지구라는 행성이 우주 어디에 놓여 있었으며, 지구인들은 어느 시점에 우주에 나타나 어떤 파장의 빛으로 우주를 바라보며 그 찬란한 세월을 보냈을지를 추억해 줄 수 있을 것입니다.

외계 생명체와
문명

왜 우리는 아직
외계인을 만나지 못했을까?

지난 2021년은 인류에게 중요한 분기점이었습니다. 2021년을
기점으로 인구수와 인류가 만든 모든 인공물이 지구 전체 절
반을 넘으면서, 비로소 지구를 장악한 진정한 행성의 지배자
가 되었기 때문입니다. 과학자들은 현재 지구를 차지하는 생
명체들의 총질량, 그리고 인류가 만든 건축물, 도로, 쓰레기 등
다양한 인공물의 총질량을 비교했습니다. 지구에 사는 동물과
식물, 박테리아, 세균에서 수분을 제외한 전체 건조 질량은 약
1조t에 달합니다. 그중에서 대부분의 9천억t은 식물이 차지하
죠. 순수한 동물만의 질량은 40억t밖에 안 됩니다. 그런데 그
동안 인류가 지구에 남긴 콘크리트 빌딩, 아스팔트 도로, 스마

트폰, 머그 컵 등 다양한 인공물의 총질량은 지구 생명체들의 전체 건조 질량을 넘어섭니다. 인류가 남긴 플라스틱의 질량만 80억 t입니다. 이것은 동물의 질량을 모두 합한 것보다 두 배가 더 많은 양입니다. 다시 말해 이제 지구상에는 동물보다 두 배나 더 많은 플라스틱이 살게 된 것이죠. 더불어 인류가 지은 건축물과 도로 인프라의 전체 질량은 식물의 전체 질량을 넘는 1조 1천억 t에 달합니다.

비로소 21세기 인류는 지구의 순수한 생명체보다 더 많은 인공물로 지구를 덮어 버린 존재가 되었습니다. 행성의 과반을 장악한 것입니다. 특히 최근 100년 사이에 그 증가세가 가장 가파릅니다. 만약 이러한 추세가 앞으로 계속 이어진다면, 2040년이 되었을 때 인류가 만든 인공물의 전체 질량이 현재의 세 배 수준에 이르게 됩니다. 인류는 나무와 풀로 덮여 있던 지구를 모두 콘크리트와 금속으로 뒤덮인 하나의 거대한 우주선처럼 만들고 있습니다. 긍정적이든 부정적이든 인류는 정말 빠르게 지구를 정복하는 중입니다. 그렇다면 만약 인류보다 더 일찍이 문명을 시작하고 발전시킨 생명체가 있다면, 이미 자신들의 행성을 넘어 우리은하를 정복했어야 하지 않을까요? 그렇게 뛰어난 존재가 있다면 그들은 이미 언젠가 한번 지구를 방문했어야 하지 않을까요? 하지만 우리가 아는 한 지금껏 그 누구도 우리 지구를 방문한 적이 없습니다.

100억 년에 달하는 기나긴 우리은하의 전체 역사를 생각해 보면, 우리은하 곳곳에서 우리를 훨씬 앞서 나가는 외계 문명의 흔적이 남아 있을 거라 기대할 수 있습니다. 하지만 우리의 기대와 달리 우리은하는 너무 조용합니다. 이러한 현실을 보면서 물리학자 엔리코 페르미 Enrico Fermi 는 몹시 유명한 질문을 던졌습니다. 만약 천문학자들의 막연한 기대처럼 우주에 수많은 외계 문명이 존재한다면, 왜 우리는 아직 그 누구와도 접촉하지 못한 것인가? 페르미가 던진 이 질문은 오늘날 '페르미 역설 Fermi paradox'라고 불립니다. 그리고 많은 천문학자와 철학자가 그럴듯한 해답을 내놓기 위해 노력하고 있죠. 페르미 역설은 외계 문명의 존재 가능성을 고민할 때 절대 빼놓을 수 없는 중요한 철학적 질문으로 여겨집니다.

페르미 역설에 가장 수학적인 답을 제시하기 위해 시도되었던 흥미로운 결과를 하나 소개합니다. 천문학자들은 우리은하의 임의의 한 위치에서 자신의 별을 벗어나 별과 별 사이, 성간 여행을 할 수 있는 우주 문명이 출현한다면 그들이 얼마나 빠르게 다른 별을 정복해 나갈 수 있을지를 계산했습니다. 특히 더 사실적인 분석을 위해 각 별들이 우리은하 공간을 움직이는 별들의 움직임도 고려했습니다. 태양을 비롯한 우리은하의 모든 별은 각자 궤도를 돕니다. 그래서 별과 별 사이의 거리는 항상 같지 않습니다. 시기에 따라 별과 별 사이의 거리가 멀어지기도 하고 가까워지기도 합니다. 예를 들어 현재 태양계 바깥 가장 가까운 별은 4.2 광년 거리에 떨어진 프록시마 센타우리입니다. 하지만 앞으로 3만 5천 년이 더 지나면 그 사이 프록시마 센타우리는 더 멀어지고, 그 대신 Ross 248이라는 새로운 별이 가장 가까운 별이 됩니다. 지금 당장은 인류가 성간 여행의 종착지로 넘볼 수 있는 가장 가까운 이웃 별이 프록시마 센타우리지만, 앞으로 3만 5천 년이 지나 인류가 성간 여행을 시도한다면 그때는 우주선 티켓의 종착역이 Ross 248이 될 가능성이 높습니다. 이처럼 우리은하 속 별 하나하나의 움직임을 반영해 줘야, 우리은하에서 살아가는 우주 문명들이 언제쯤 서로를 발견하고 조우할지 정확한 계산을 할 수 있습니다.

더욱 현실적인 상황을 가정하기 위해 천문학자들은 광속을 돌파해 순식간에 별과 별 사이를 넘나드는 기술은 존재하지 않을 것이라 가정했습니다. 그래서 한 별에서 최대 10광년 범위 안에서만 진출할 수 있고, 그 어떤 문명도 30만 년이 넘는 긴 세월 동안 우주를 여행하는 선택은 하지 않을 것이라 가정했습니다. 또 비교적 보수적으로 계산을 했는데, 평균적으로

외계 생명체와 문명

우주의 문명들이 인접한 다른 별을 향해 1만 년에 한 대 꼴의 매우 적은 빈도로 우주선을 보낸다고 가정했습니다. 또 다른 별에 정착한 우주 문명이 새로운 정착지에서 살아가는 기간은 1억 년으로 제한했습니다. 이러한 까다로운 가정으로 우리은하 속에서 탄생한 우주 문명이 얼마나 멀리까지 자신의 흔적을 남길 수 있을지를 계산해 본 것이죠. 일종의 우리은하를 무대로 진행된 가상 역사 실험이라고 볼 수 있습니다.

초반의 계산 결과는 꽤 희망적이었습니다. 우리은하 외곽의 태양계가 있는 위치에서 시작된 우주 문명이 우주여행을 시작하자마자, 겨우 300~400만 년 안에 은하 중심부까지 닿기 시작했습니다. 특히 별들의 밀도가 바글바글 모여 있는 은하 중심부에 도달한 문명은 빠르게 자신의 흔적을 퍼뜨리기 시작했습니다. 별과 별 사이 거리가 훨씬 좁은 영역인 만큼 문명을 확장시키기에 매우 유리하기 때문입니다. 일종의 은하 버전의 수도권 과밀화 현상이 벌어졌다고 볼 수 있습니다. 그리고 전체 시뮬레이션이 모두 끝나고 10억 년이 지났을 때, 우리은하의 거의 모든 별에 문명의 흔적이 남아 있었습니다. 참고로 이 계산에서 가정했던 우주선의 평균 이동 속도는 겨우 초속 수 km 수준인데, 이것은 현재 인류의 기술로도 충분히 만들 수 있는 현실적인 수준입니다. 굳이 시공간을 넘나드는 SF

속 탐사선을 가정하지 않더라도, 10억 년 정도면 충분히 우리 은하 구석구석 문명이 퍼질 수 있다는 놀라운 결과입니다. 하지만 이것은 반대로 우리에게 상당히 절망적인 가능성을 보여줍니다. 이처럼 꽤 가혹한 조건과 가정에도 우리은하 곳곳에 우주 문명의 손길이 닿아 있어야 한다고 가정해 봅시다. 100억 년이 넘는 긴 역사를 가진 우리은하에서 아직 그 어떤 외계 문명이 발견되지 않았다는 것은 애초에 이들이 정말 존재하지 않기 때문이라는 결론에 이를 수 있습니다. 우리은하에서는 아직 그 어떤 문명도 자신의 항성계를 벗어나 다른 별로 날아가는 성간 우주여행에 성공하지 못한 것이 아닐까요?

외계 생명체와 문명

왜 생명체를 찾을 때
물을 먼저 찾을까?

피, 땀, 눈물. 이 셋의 공통점 액체 상태의 물을 기반으로 한다
는 점입니다. 생명수라는 말이 있을 정도로 물은 생명 활동에
반드시 필요한 것으로 여겨집니다. 지구 밖 외계 생명체를 찾
는 천문학자들도 마찬가지입니다. 여전히 많은 천문학자는 액
체 상태의 물이 존재할 수 있는지를 외계 생명체의 존재 여부
를 판단하는 가장 중요한 기준으로 봅니다.

　　일부 사람들은 이에 의문을 품습니다. '왜 반드시 물이 있
어야만 합니까? 이것은 결국 지구의 생명체만 보고 생각한 편
협한 기준이 아닌가요? 물을 필요로 하지 않는 전혀 다른 환
경의 외계 생명체도 있을 수 있지 않습니까?'라고 말입니다.

많은 사람이 이 넓은 우주에 지구와 전혀 다른 방식으로 진화해 살아가는 다양한 생명체를 상상하곤 하죠. 하지만 그것은 상상일 뿐이고, 천문학자들이 물에 '집착'하는 데에는 분명한 과학적 근거가 있습니다.

기본적으로 생명 활동이 이루어지기 위해서는 액체 상태의 무언가가 필요합니다. 고체와 기체만으로는 생명 활동을 하기 어렵습니다. 고체는 속도가 느려서 효율적인 생명 활동이 어렵고, 기체는 가벼워서 움직이는 속도가 빠르지만 밀도가 작아 효율적인 생명 활동에 유리하지 않습니다. 영양소를 녹여 몸 곳곳으로 빠르게 운반하고, 노폐물을 녹여 몸 바깥으로 빠르게 배출할 수 있는 용매 역할을 할 액체가 반드시 필요합니다. 고체나 기체로 구성된 생명체가 있을 수도 있지 않겠느냐고 반문할지 모르지만, 상상에만 의존하며 만든 그러한 논의로는 의미 있는 과학적 토론을 진행하기 어렵습니다.

그렇다면 액체 중에서도 왜 하필 물이어야 할까요? 우선 물은 우주에서 상당히 흔합니다. 화성과 달에서 물을 찾으려고 그렇게 애쓰는데 물이 우주에서 흔하다고요? 이상하게 들릴지 모르지만 분명한 사실입니다. 물 분자는 수소 두 개와 산소 한 개가 결합한 것입니다. 수소와 산소는 우주에서 흔한 물질이죠. 우주에서 가장 흔한 성분은 전체의 75%를 차지하는 수소입니다. 그다음으로 많은 성분이 헬륨으로, 나머지 25%의 대부분을 차지합니다. 주기율표에서 원자 번호 1번과 2번에 해당하는 수소와 헬륨을 제외한 나머지 원소들은 다 합해도 겨우 1%도 채 되지 않는 극미량입니다. 그래서 천문학자들은 우주의 화학 성분을 수소, 헬륨, 그리고 나머지(중원소나 금속 원소)로 구분합니다. 그런데 이 나머지, 즉 중원소에 해당하는 성분들 중에서 가장 많은 것이 산소입니다. 결국 물은 우주에서 가장 흔한 수소와 세 번째로 흔한 산소로 이루어진 물질입니다 (다만 둘의 격차가 좀 크긴 합니다). 두 번째로 많은 헬륨은 다른 성분과 화학 반응을 하지 않는 비활성 성분입니다. 결국 물은 우주에 존재하는 모든 성분 중에서 화학 반응이 가능한 가장 흔한 두 성분, 수소와 산소로 이루어졌습니다. 지구 생명체에게 물은 우주에서 흔하고 구하기 쉬운 재료였으므로 지극히 당연한 선택이었을 것입니다. 게다가 물은 넓은 온도 범위에서 안정적으로 액체 상태를 유지하는 굉장히 드문 물질입니다. 대부분의 물질은 극히 낮은 온도에서만 존재하거나 좁은 온도 범위에서만 잠깐 액체로 존재하고, 상온에서 고체나 기체로만 존재하기도 합니다. 하지만 물은 무려 0~100℃ 사이의 넓은 범위에서 액체로 존재합니다. 예를 들어 액체 질소, 액체 산소는 실험실에서나 만들 수 있는 엄청난 극저온의 환경에서만 존재합니다. 상온에 꺼내는 순간, 순식간에 기화해 다 날아가 버리죠. 물 외에 상온에서 액체로 존재하는 것으로 식용유와 알코올 등을 꼽을 수 있지만, 대부분 수소와 산소가 아닌 수소와 탄소로 구성된 화합물입니다. 그런데 우주의 중원소에서 탄소는 산소보다 양이 더 적습니다. 따라서 굳이 산소보다 더 드문 탄소와 수소가 결합된 액체를 선택하는 것은 경제적이지 못합니다.

　보통 액체가 끓기 시작하는 끓는점 온도는 그 물질의 분자량에 따라 결정됩니다. 분자량이 더 크고 무거운 분자일수록 더 높은 온도에서 끓죠. 그런데 물은 이 규칙을 벗어납니다. 물의 분자량은 18이고, 100°C의 높은 온도까지 올라가야 끓기 시작합니다. 그런데 물보다 분자량이 거의 두 배 더 크고 무거운 메탄올은 물보다 더 낮은 65°C에서 이미 기체가 되어 버립니다. 예를 들어 온도가 70°C가 되면 물은 여전히 액체로 남아 있지만 메탄올은 진작 다 날아가 버립니다. 놀랍게도 물은 자신보다 두 배나 더 무거운 성분에 비해 더 높은 온도에서도 끓지 않고 버틸 수 있습니다. 이것은 중요한 특징입니다. 온도가 더 높을수록 화학 반응이 더 활발하게 벌어질 수 있죠. 따라서 높은 온도에서도 안정적인 액체로 버틸 수 있는 물은 다른 성분에 비해 더 효율적으로 화학 반응의 용매로 활용될 수 있습니다.

외계 생명체와 문명

정리하자면, 우선 물은 우주에서 가장 흔하고 구하기 쉬운 재료(수소, 산소)로 만들어집니다. 그리고 약간 구부러진 형태로 극성을 띱니다. 그 덕분에 높은 온도에서도 액체로 존재할 수 있고, 다양한 물질을 쉽게 녹일 수 있는 최고의 용매죠. 우주에서 물이 이토록 특별한 이유입니다. 물을 향한 천문학자들의 집착은 단언컨대 지극히 합리적인 편견이라 할 수 있습니다.

5장

/
238
/

외계 생명체를 넘어 외계 문명을 찾을 수 있을까?

대표적인 스페이스 오페라의 고전으로 꼽히는 〈스타워즈〉 시리즈는 흥미롭게도 미래가 아닌 먼 과거를 배경으로 합니다. 인류가 지구에 존재하기 훨씬 전, 먼 옛날 지구보다 고도로 발전한 은하 제국의 문명 사이에서 벌어진 우주 전쟁 대서사를 다룹니다. SF는 항상 먼 미래만을 다룬다는 클리셰를 뒤집은 굉장히 매력적인 설정입니다. 그렇다면 과연 오래전부터 우주 곳곳에 지구보다 더 발전한 다양한 외계 문명이 존재했을까요? 또 만약 존재한다면 우리는 그들의 흔적을 어떻게 찾을 수 있을까요?

　최근에 이루어진 탐사에 따르면 화성이나 목성의 위성 유로파 등 태양계 곳곳에서도 외계 생명체가 살 법한 징후들이 발견되었습니다. 하지만 지구처럼 복잡한 문명을 가진 곳은 발견하기 어려워 보입니다. 외계 생명체가 살 수 있을 법한 환경을 갖춘 행성이 발견된다고 하더라도 그것이 곧 그 행성에 높은 수준의 문명이 존재한다는 것을 의미하지 않습니다. 생명체가 존재하느냐와 그곳에 문명이 발전할 수 있느냐는 전혀 다른 종류의 질문이죠. 이러한 고민은 구상성단 M13으로 외계 문명에게 지구의 메시지를 보내는 아이디어를 제안했던 전파 천문학자 프랭크 드레이크Frank Drake의 유명한 방정식에도 잘 담겨 있습니다. 물론 그의 방정식은 엄밀한 수학적인 해를 이야기해 주지는 않습니다. 대신 우리가 신호를 주고받을 수 있는 외계 문명의 수를 파악하기 위해 어떤 요소를 고민해야 할지를 알려 주는, 일종의 외계 문명 찾기 가이드라인이라고 볼 수 있습니다.

드레이크는 우리은하 안에 있는 별에 한해서 찾아봐야 한다고 생각했습니다. 최소 수백만, 수천만 광년 이상 떨어진 다른 은하계의 문명과 현실적으로 대화를 나누기 어려우니까요. 만약 250만 광년 거리에 떨어진 안드로메다 은하의 외계인과 메시지를 주고받는다면 우리는 상대방의 답장을 기다리느라 지쳐 버릴지도 모릅니다. 상대가 즉각 답장을 보내 주더라도 우리는 그 답장을 받기까지 500만 년을 기다려야 하기 때문입니다. 이처럼 드레이크는 우주에서의 끔찍한 장거리 연애는 의미가 없다고 생각했습니다. 그래서 우리은하 안에서 인류와 신호를 주고받을 수 있는 문명의 수를 파악해 보기로 했습니다. 어떤 문명이 있다고 가정하면, 지구에 태양이 가까이 있듯이 그들의 행성을 비추고 에너지를 공급하는 별 곁에서 살아가고 있을 것입니다. 따라서 우선 우리은하에서 얼마나 많은 별이 태어나는지를 따져 봐야 합니다. 또 그 별들 중에서 행성을 거느리는 비율을 고려해야 하죠. 별 곁을 도는 행성이 있더라도 금성처럼 덥거나 천왕성처럼 추우면 생명이 탄생하기 어렵습니다. 따라서 지구처럼 적당한 환경을 갖춘 확률을 고려해야 합니다. 또 실제로 주어진 환경에서 생명이 끝내 탄생할 수 있는 확률도 생각해야 합니다. 하지만 그 행성에 박테리아나 물고기 수준의 생명체만 산다면 우리는 그들과 신호를 주고받을 수 없습니다. 비로소 지능을 가진 복잡한 수준의 생명체로 진화할 확률을 고민해야 합니다. 그러나 이들이 아직 전파 안테나를 지을 수 없는 원시적인 수준의 문명에 머물러 있다면 지구의 메시지를 수신할 수 없습니다. 따라서 우리 인류처럼 통신 기술을 확보하는 수준으로 발전할 수 있는가에 관한 확률도 고민해야 합니다. 즉, 궁극적으로 인류가 우주 바깥으로 보낸 메시지가 제대로 읽히기 위해서는 정확히 인류의 메시지를 수신할 수 있는 기술을 확보한 외계 문명을 찾아 보내야 합니다. 그렇다면 대체 천문학자들은 복잡한 기술 문명을 가진 외계 문명을 어떻게 찾고, 또 편지를 보낼 주소를 정확히 정할 수 있을까요?

외계 행성은 별에 비해 훨씬 크기가 작고 스스로 빛을 내지 않기 때문에 외계 행성에 의해 별빛이 가려지는 정도는 아주 미미합니다. 별 전체 밝기의 0.1%도 채 되지 않죠. 이는 마치 먼바다에서 등대 불빛을 바라보면서 등대 불빛이 미세하게 어두워지는 현상을 보고 등대 불빛 주변에 파리가 맴도는 것을 파악하는 것만큼 까다롭습니다. 하지만 동시에 가장 확실한 방법입니다. 미세한 밝기 변화도 감지할 수 있었던 케플러의 예민한 검출기 덕분에 가능했던 사냥법이죠. 만약 별 앞으로 지구처럼 크기가 작은 암석 행성이 별빛을 가리고 지나간다면, 행성의 실루엣에 의해 가려지는 별빛의 양도 적습니다. 따라서 케플러가 보게 되는 별의 밝기 변화도 미미합니다. 반면 목성처럼 더 크기가 큰 행성이 별 앞을 지나간다면, 케플러가 보게 되는 별의 밝기 변화는 더 큽니다. 이처럼 케플러는 단순히 외계 행성의 존재뿐만 아니라, 행성이 별 앞을 가릴 때 가려지는 별빛의 정도로 그 행성의 지름을 알 수 있는 효율적인 사냥

법을 활용했습니다. 하지만 행성의 실루엣이 별 앞을 가리는 동안 나타나는 별빛의 밝기 변화로 알 수 있는 것은 그 행성의 크기뿐만이 아닙니다. 더 정밀한 밝기 변화를 파악하면 행성의 형태 자체도 알 수 있습니다. 행성의 실루엣이 별 원반에 닿기 시작하고, 서서히 별 원반 속으로 진입하는 동안 시간이 흐르면서 별을 가리는 행성 실루엣의 면적은 정확히 수학적으로 행성의 형태에 의해 결정됩니다.

만약 별 앞으로 평범한 공 모양이 아니라 삼각형, 사각형 모양의 이상한 물체가 지나간다면 어떻게 될까요? 예를 들어 사각형 모양의 무언가가 별 앞을 가리며 지나간다고 가정해 봅시다. 사각형 물체의 실루엣이 별 원반 앞으로 진입하는 동안 그 실루엣의 높이는 계속 일정하게 유지되기 때문에 별빛을 가리는 사각형 물체의 실루엣의 면적도 시간에 비례해 늘어나게 됩니다. 만약 삼각형 모양의 무언가가 별 앞을 가리고 지나간다면, 삼각형 물체의 실루엣의 높이는 서서히 높아졌다가 다시 낮아지기 때문에 시간이 흐르면서 별 원반을 가리는 삼각형 물체의 실루엣의 면적은 빠르게 늘어나다가 다시 느리게 늘어나는 방식으로 변하게 됩니다.

이처럼 별 앞을 가리는 물체에 의해 별빛이 어두워지는 양상을 더 정밀하게 분석하면, 케플러가 포착한 그림자를 만드는 행성이 어떤 모양인지 알 수 있습니다. 단순히 둥근 공 모양인지, 아니면 부자연스러운 삼각형이나 사각형 모양인지도 파악할 수 있습니다. 만약 이러한 모양의 무언가가 발견된다면, 그것은 단순한 공 모양의 행성이 아니라 누군가 인공적으로 만든 인공 물체라고 의심해 볼 수 있습니다. 그리고 놀랍게도 2011년 그 일이 실제로 일어났습니다.

당시 시민 과학 프로젝트 중 하나였던 '플래닛 헌터스Planet hunters'라는 프로젝트의 일환으로 케플러 우주 망원경의 관측 데이터를 직접 살펴보던 천문학자 타베타 보야잔Tabetha Boyajian이 굉장히 특이한 방식으로 밝기가 변화하는 별을 발견했습니다. 그 별은 다른 평범한 외계 행성에 의해 밝기가 변화하는 평범한 별들과 달리 너무나 극심한 밝기 변화를 보였습니다. 무려 별 전체 밝기의 22%까지 어두워졌고 그 변화 주기도 불규칙했습니다. 보야잔의 이름을 따 '태비 스타Tabby's star'라고도 불리는 이 별은 백조자리 방향으로 약 1,480광년 거리에 떨어져 있는 KIC 8462852입니다. 불규칙하고 필요 이상으로 어두워지는 밝기 변화는 단순히 작은 외계 행성이 규칙적으로 별 주변을 맴돌기 때문이라고는 설명하기 어렵습니다. 그래서 일부 상상력이 풍부한 천문학자들은 이것이 우리가 그토록 찾던, 별 주변을 상당 부분 가리고 있는 외계 문명의 거대 인공 물체라는 꿈을 품기도 했습니다. 마치 물리학자 프리먼 다이슨^{Freeman Dyson}이 소개한 이후, 다양한 SF 작품에서 인용된 '다이슨 구^{Dyson sphere}'와 같은 인공 물체라는 상상을 했습니다. 다이슨 구는 별빛의 에너지를 효율적으로 뽑아내기 위해 거대한 태양 판들로 별 자체를 가득 감싸는 형태의 상상 속 인공 물체입니다. 실제로 이 수상한 태비 스타를 향해 전파 안테나를 조준해 놓고 외계 문명에서 새어 나오는 수상한 전파를 포착하려는 시도도 했습니다. 하지만 아쉽게도 태비 스타에서는 외계인의 '카톡'이 날아오지는 않았습니다.

이에 보야잔은 킥스타터에 10만 달러짜리 크라우드 펀딩 프로젝트를 올렸습니다. 그의 목표는 모인 돈으로 지상 관측망을 확보해 이 태비 스타의 밝기가 다시 어두워지기 시작하는 순간을 여러 망원경으로 관측해 밝기 변화의 정확한 원인을 파헤치는 것이었습니다. 덕분에 그는 2016년 3월부터 2017년 12월 사이에 10여 개의 다양한 파장의 망원경으로 태비 스타가 다시 어두워지는 순간을 관측했습니다. 이후 북반구에서 더는 그 별이 보이지 않게 될 때까지 22개월에 걸쳐 총 네 번 태비 스타가 어두워지는 순간을 목격했습니다. 각 네 번의 밝기 감소 사건에는 '엘시^{Elsie}', '셀레스테^{Celeste}', '스카라 브레^{Scara Brae}', '앙코르^{Angkor}'라는 이름도 붙였습니다. 하지만 아쉽게도 보야잔의 새로운 관측은 외계 문명의 거대한 인공 물체, 메가 스트럭처 ^{Mega structure}가 없다는 실망스러운 결과를 보여 주었습니다.

만약 거대하고 딱딱한 금속으로 만든 인공 물체가 별 앞을 가리고 지나간다면 적외선, 자외선, 가시광선 등 모든 파장에서 빛의 밝기가 동시에 어두워져야 합니다. 하지만 실제로 관측된 태비 스타는 그렇지 않았습니다. 파장에 따라서 별빛이 어두워지는 순간에 시차가 있었습니다. 이는 태비 스타 주변에 딱딱한 금속 우주선이 아니라 불규칙하고 펑퍼짐하게 퍼져 있는 먼지구름이 맴돌기 때문이라고 이해할 수 있습니다. 태비 스타 주변에는 콰다니움 강철로 만든 우주 궁전도, 비브라늄으로 만든 우주 정거장도 없었습니다.

한편, 태비 스타 주변을 맴도는 먼지구름에서는 강한 적외선이 관측되지 않았습니다. 이는 별 주변의 먼지구름이 따뜻하게 달궈지지 않았으며, 먼지구름이 별빛을 충분히 받지 못하는 별에서 멀리 떨어져 돌고 있다는 것을 의미합니다. 물론 여전히 이 거대한 먼지구름이 어떻게 만들어졌는지 기원은 정확히 알지 못합니다. 대부분의 천문학자는 오래전 태비 스타 주변을 돌던 암석 행성이나 위성이 부서지면서 남은 잔해이거나, 태양계 외곽의 오르트 구름처럼 혜성 무리가 태비 스타 주변을 맴도는 것이라 생각합니다.

외계 문명이기를 바라는 희망의 끈을 놓치고 싶지 않다면, 스타워즈의 서사시처럼 머나먼 과거 은하 제국의 참혹한 전쟁을 치른 결과로 파괴된 행성들과 우주 함선들의 파편이 태비 스타 곁을 돈다고 기대해 볼 수도 있습니다. 태비 스타 외에도 쉽게 설명하기 어려운 특이한 밝기 변화 패턴을 보이는 별들은 지금도 간간이 발견되는 중입니다. 어쩌면 정말 그 별들에는 우리가 그토록 기다리던 외계 문명이 존재할지도 모릅니다.

다만 아쉽게도 케플러가 외계 행성을 찾는 데 활용한 트랜짓^{Transit} 활용법에도 치명적인 한계가 있습니다. 지구에서 봤을 때 외계 행성의 궤도가 별 앞을 가리고 지나갈 수 있도록, 그 궤도가 누워 있어야만 외계 행성에 의한 별빛의 변화를 파악할 수 있습니다. 만약 별 곁을 도는 외계 행성의 궤도가 지구에서 봤을 때 옆으로 선 채로 별 앞을 지나가지 않는다면 지구에서는 그 행성에 의한 별빛의 밝기 변화를 볼 수 없습니다. 결국 케플러의 감시망을 벗어나게 되는 것이죠. 즉, 트랜짓 현상을 활용한 외계 행성 사냥은 그 행성의 궤도가 충분히 누워서, 지구에서 봤을 때 별 앞을 가리고 지나갈 수 있을 때만 활용 가능한 매우 제한적인 사냥법입니다. 게다가 행성이 별 원반 앞으로 겹쳐서 지나갈 수 있게 되는 그 궤도의 경사각 범위는 상당히 좁습니다.

　여기에서 한 가지 재미있는 추측을 해 볼 수 있습니다. 만약 다른 별에 사는 외계인 천문학자들도 인류처럼 트랜짓을 활용해 다른 외계 행성을 발견하고 있다면 어떨까요? 외계인이 태양 주변을 돌면서 태양 빛을 가리는 지구의 실루엣을 발견하기 위해서는, 그 별에서 봤을 때 지구 궤도가 충분히 누워 태양 얼굴 앞으로 지나갈 수 있도록 보여야 합니다. 지구 궤도면 위아래로 수직 방향에 있는 별의 외계인들은 지구가 태양 앞을 가리고 지나가는 트랜짓 현상을 볼 수 없습니다. 그런 별에서 태양은 아무런 행성을 거느리지 않아 밝기가 변하지 않는 외로운 별처럼 보일 것입니다.

　반면 지구 궤도면에서 쭉 연장하고, 그 좁은 범위 안에 들어오는 방향에 놓인 별에서는 태양 앞으로 지구가 가리고 지나가면서 태양 빛의 밝기가 조금씩 어두워지는 트랜짓을 목격할 수 있습니다. 만약 그 별들 중에 똑똑한 외계인 천문학자들이 산다면, 이미 우리 지구의 존재를 알고 흥미롭게 지켜보고 있을지 모릅니다. 한때 우리가 태비 스타에 열광하며 실낱같은 희망을 품고 태비 스타로 안테나를 조준해 기다리던 것처럼, 그들도 지구를 향해 안테나를 세워 둔 채 인류의 메시지를 기다릴지 모릅니다.

즉, 인류가 스스로의 메시지를 제대로 읽어 줄 수 있는 외계 문명을 향해 메시지를 보내야 한다면, 지구의 존재를 이미 알 법한 곳을 향해 메시지를 보내야 합니다. 그래서 외계 문명을 찾기 위한 세계 최대 과학 연구 프로그램인 브레이크스루 리슨Breakthrough Listen의 연구진은 최근 세티SETI의 뒤를 이어 지구 바깥의 다른 존재와의 통신을 시도했습니다. 멀리서 봤을 때 지구가 태양을 가리는 트랜짓 현상이 목격될 수 있는 각도 범위인 지구 트랜짓 존Earth Transit Zone, ETZ에 들어오는 별들에 한해서 메시지를 보내는 전략을 고민하고 있죠.

외계 생명체도 아니고 외계 문명이라니, 정말 비과학적인 SF처럼 여겨질 것입니다. 그러나 불과 한 세기 전까지만 해도 외계 행성이란 주제도 SF로 여겨졌지만 이제는 노벨 물리학상의 주인공이 될 정도로 진지한 정상 과학의 영역에서 다뤄지는 추세입니다. 머지않아 외계 지적 문명을 추적하고 그들과의 조우를 고민하는 것도 서서히 논픽션의 영역으로 들어올 수 있지 않을까 기대해 봅니다. 과학의 역할과 매력은 어제의 픽션을 오늘의 논픽션의 영역으로 옮겨 오는 것, 상상만 해도 설레고 두근거렸던 어제의 꿈을 별 볼 일 없는 시시한 오늘의 일상으로 옮겨 오는 데 있습니다. 어제까지의 꿈은 과학으로 인

외계 생명체와 문명

해 시시한 일상의 일부가 되지만, 그 덕분에 우리는 어제까지 꿀 수 없었던 새로운 내일의 꿈을 새롭게 꿀 수 있게 됩니다. 외계의 또 다른 문명에게 지구의 신호를 보내고 또 그들의 답장을 기다리는 것 말입니다. 과연 우리는 정말 답장을 받을 수 있을까요? 어쩌면 또 다른 존재가 오래전 지구를 향해 날린 메시지가 지금 오는 중일지도 모릅니다.

참고 문헌

1장

어디서부터 우주일까?

Jastrow, R. (1959). Definition of air space. In First Colloquium on the Law of Outer Space: The Hague 1958 Proceedings (pp. 82-82). Springer Vienna.

Goedhart, R. F. (1996). The never ending dispute: delimitation of air space and outer space.

우주는 왜 깜깜할까?

Olbers H. W. M., "Über die Durchsichtigkeit des Weltraums", in Berliner astronomisches Jahrbuch für das Jahr 1826 (published in 1823), 110-21.

McCrea, W. H., & Milne, E. A. (1934). Newtonian universes and the curvature of space. The quarterly journal of mathematics, (1), 73-80.

우주의 끝은 어디일까?

Sandage, A. (1958). Current Problems in the Extragalactic Distance Scale. Astrophysical Journal, vol. 127, p. 513, 127, 513.

우주는 정말 사람의 뇌를 닮았을까?

Vazza, F., & Feletti, A. (2020). The quantitative comparison between the neuronal network and the cosmic web. Frontiers in Physics, 8, 525731.

Burchett, J. N., Elek, O., Tejos, N., Prochaska, J. X., Tripp, T. M., Bordoloi, R., & Forbes, A. G. (2020). Revealing the dark threads of the cosmic web. The Astrophysical Journal Letters, 891(2), L35.

우리은하는 왜 납작할까?
Ter Haar, D. (1950). Cosmogonical problems and stellar energy. Reviews of Modern Physics, 22(2), 119.

Hubble, E. P. (1979). Extra-galactic nebulae. In A Source Book in Astronomy and Astrophysics, 1900-1975 (pp. 716-724). Harvard University Press.

우리은하는 왜 회전할까?
Oort, J. H. (1927). Observational evidence confirming Lindblad's hypothesis of a rotation of the galactic system. Bulletin of the Astronomical Institutes of the Netherlands, Vol. 3, p. 275, 3, 275.

Rubin, V. C., & Ford Jr, W. K. (1970). Rotation of the Andromeda nebula from a spectroscopic survey of emission regions. Astrophysical Journal, vol. 159, p. 379, 159, 379.

우리은하와 안드로메다 은하가 부딪히면 어떻게 될까?
Kahn, F. D., & Woltjer, L. (1959). Intergalactic Matter and the Galaxy. Astrophysical Journal, vol. 130, p. 705, 130, 705.

2장

태양은 왜 한 번에 타지 않을까?
Bethe, H. A. (1939). Energy production in stars. Physical Review, 55(5), 434.

Young, R. E. (1998). The Galileo probe mission to Jupiter: Science overview. Journal of Geophysical Research: Planets, 103(E10), 22775-22790.

태양이 죽으면 어떻게 될까?
Gamow, G. (2005). The birth and death of the sun: stellar evolution and subatomic energy. Courier Corporation.

Schröder, K. P., & Connon Smith, R. (2008). Distant future of the Sun and Earth revisited. Monthly Notices of the Royal Astronomical Society, 386(1), 155-163.

참고 문헌

252

행성 궤도는 왜 납작할까?

marquis de Laplace, P. S. (1813). Exposition du système du monde (Vol. 1). Courcier.

Safronov, V. S. (1972). Evolution of the Protoplanetary Cloud and Formation of the Earth and the Planets.

소행성 충돌로부터 지구를 지킬 수 있을까?

Cheng, A. F., Agrusa, H. F., Barbee, B. W., Meyer, A. J., Farnham, T. L., Raducan, S. D., ... & Zanotti, G. (2023). Momentum transfer from the DART mission kinetic impact on asteroid Dimorphos. Nature, 616(7957), 457-460.

달 주변에도 달이 있을까?

Hill, G. W. (1878). Researches in the lunar theory. American journal of Mathematics, 1(1), 5-26.

Roche, É. (1849). Mémoire sur la figure d'une masse fluide, soumise à l'attraction d'un point éloigné: 1$ fpar Édouard Roche. typ. Boehm.

목성의 태풍은 언제 사라질까?

Simon, A. A., Wong, M. H., & Orton, G. S. (2015). First results from the Hubble OPAL program: Jupiter in 2015. The Astrophysical Journal, 812(1), 55.

토성 고리가 왜 가장 뚜렷할까?

Kane, S. R., & Li, Z. (2022). The Dynamical Viability of an Extended Jupiter Ring System. The Planetary Science Journal, 3(7), 179.

명왕성 너머에 또 다른 행성이 숨어 있을까?

Batygin, K., & Brown, M. E. (2016). Evidence for a distant giant planet in the solar system. The Astronomical Journal, 151(2), 22.

3장

블랙홀은 뜨거울까?
Hawking, S. W. (1974). Black hole explosions?. Nature, 248(5443), 30-31.

블랙홀은 얼마나 무거울 수 있을까?
Salpeter, E. E. (1964). Accretion of interstellar matter by massive objects. Publications, 1, 165.

블랙홀의 사진은 어떻게 찍을까?
Event Horizon Telescope Collaboration. (2019). First M87 event horizon telescope results. IV. Imaging the central supermassive black hole. arXiv preprint arXiv:1906.11241.

지구 주변에서 초신성이 터지면 어떻게 될까?
Breitschwerdt, D., Feige, J., Schulreich, M. M., Avillez, M. D., Dettbarn, C., & Fuchs, B. (2016). The locations of recent supernovae near the Sun from modelling 60Fe transport. Nature, 532(7597), 73-76.

Galeazzi, M., Chiao, M., Collier, M. R., Cravens, T., Koutroumpa, D., Kuntz, K. D., ... & Walsh, B. M. (2014). The origin of the local 1/4-keV X-ray flux in both charge exchange and a hot bubble. Nature, 512(7513), 171-173.

Wallner, A., Feige, J., Kinoshita, N., Paul, M., Fifield, L. K., Golser, R., ... & Winkler, S. R. (2016). Recent near-Earth supernovae probed by global deposition of interstellar radioactive 60Fe. Nature, 532(7597), 69-72.

4장

우주에 어떤 동물을 보내야 할까?
Lantin, S., Mendell, S., Akkad, G., Cohen, A. N., Apicella, X., McCoy, E., ... & Lubin, P. (2022). Interstellar space biology via Project Starlight. Acta astronautica, 190, 261-272.

참고 문헌

오우무아무아는 어디에서 왔을까?
Hsieh, C. H., Laughlin, G., & Arce, H. G. (2021). Evidence Suggesting That 'Oumuamua Is the~ 30 Myr Old Product of a Molecular Cloud. The Astrophysical Journal, 917(1), 20.

스타링크 위성은 밤하늘 관측에 방해가 될까?
Horiuchi, T., Hanayama, H., & Ohishi, M. (2020). Simultaneous multicolor observations of Starlink's Darksat by the Murikabushi Telescope with MITSuME. The Astrophysical Journal, 905(1), 3.
Kruk, S., García-Martín, P., Popescu, M., Aussel, B., Dillmann, S., Perks, M. E., ... & McCaughrean, M. J. (2023). The impact of satellite trails on Hubble Space Telescope observations. Nature Astronomy, 7(3), 262-268.

5장

우리는 왜 아직 외계인을 만나지 못했을까?
Elhacham, E., Ben-Uri, L., Grozovski, J., Bar-On, Y. M., & Milo, R. (2020). Global human-made mass exceeds all living biomass. Nature, 588(7838), 442-444.
Carroll-Nellenback, J., Frank, A., Wright, J., & Scharf, C. (2019). The Fermi paradox and the aurora effect: exo-civilization settlement, expansion, and steady states. The Astronomical Journal, 158(3), 117.

외계 생명체를 넘어 외계 문명을 찾을 수 있을까?
Boyajian, T. S., Alonso, R., Ammerman, A., Armstrong, D., Ramos, A. A., Barkaoui, K., ... & Pollacco, D. (2018). The first post-Kepler brightness dips of KIC 8462852. The Astrophysical Journal Letters, 853(1), L8.

우주를 보면 떠오르는 이상한 질문들

초판 1쇄 발행 2025년 4월 23일

지은이   지웅배
펴낸이   박영미
펴낸곳   포르체

책임편집   이경미
마케팅   정은주 민재영
디자인   황규성

출판신고   2020년 7월 20일 제2020-000103호
전화   02-6083-0128
팩스   02-6008-0126
이메일   porchetogo@gmail.com
인스타그램   porche_book

ISBN 979-11-94634-18-8 (03440)

여러분의 소중한 원고를 보내주세요.
porchetogo@gmail.com